Divyang Pandya
Darshini Patel
P. B. Khodifad

Conhecimento e adoção pelos agricultores do cultivo de algodão Bt. Algodão

Divyang Pandya
Darshini Patel
P. B. Khodifad

Conhecimento e adoção pelos agricultores do cultivo de algodão Bt. Algodão

Conhecimento e adoção pelos agricultores do cultivo científico do algodão Bt no distrito de Bharuch, no estado de Gujarat

ScienciaScripts

Imprint

Any brand names and product names mentioned in this book are subject to trademark, brand or patent protection and are trademarks or registered trademarks of their respective holders. The use of brand names, product names, common names, trade names, product descriptions etc. even without a particular marking in this work is in no way to be construed to mean that such names may be regarded as unrestricted in respect of trademark and brand protection legislation and could thus be used by anyone.

Cover image: www.ingimage.com

This book is a translation from the original published under ISBN 978-620-2-06031-8.

Publisher:
Sciencia Scripts
is a trademark of
Dodo Books Indian Ocean Ltd. and OmniScriptum S.R.L publishing group

120 High Road, East Finchley, London, N2 9ED, United Kingdom
Str. Armeneasca 28/1, office 1, Chisinau MD-2012, Republic of Moldova, Europe
Printed at: see last page
ISBN: 978-613-9-45883-7

Índice

ABSTRACT

A agricultura é a espinha dorsal da Índia, que moldou ao longo dos séculos a vida cultural, económica e de perspectivas da população do país. Logo após a independência, a Índia enfrentou o desafio de garantir a segurança alimentar de milhões de pessoas. O Governo indiano, com o objetivo de alterar o cenário rural, tomou uma série de medidas, tais como a reforma agrária, a consolidação das explorações agrícolas, o aumento das instalações de irrigação, a diversificação dos padrões de cultivo, a introdução do recenseamento agrícola, a evolução das técnicas agrícolas e das variedades de elevado rendimento, etc. Consequentemente, a produtividade de muitas culturas registou uma tendência crescente, mas durante a última década observou-se uma estagnação da produtividade de muitas culturas.

A Índia é o berço de culturas de cereais, leguminosas e oleaginosas como o algodão, a rícino, o amendoim, etc. O algodão é conhecido como a cultura "rei das fibras" devido à sua importância global na agricultura e na economia industrial. É cultivado em mais de 100 países e estima-se que seja cultivado em cerca de 2,5% das terras cultiváveis do mundo (Shiv Sankarand Naidu, 2015). É conhecida como "Ouro Branco". Fornece 5 produtos de base: cotão, óleo, farinha de sementes, cascas e linters. Devido à sua natureza polivalente e à sua utilização, tem uma enorme procura por parte da indústria, o que faz com que esta cultura seja muito apreciada pela comunidade agrícola.

Os principais países produtores de algodão são a China, a Índia, os Estados Unidos da América, o Brasil, o Paquistão, a Turquia, o México e o Sudão, que representam cerca de 85,00 % da produção mundial total de algodão. A Índia ocupa a primeira posição no que diz respeito à área cultivada de algodão e a quarta posição em termos de produção de algodão no mundo. Em 2016-17, a área total da Índia cultivada com algodão foi de 105 lakh hectares, com uma produção de 351 lakh fardos e um rendimento médio de 568 kg/ha. (Fonte: Conselho Consultivo do Algodão).

No algodão, os bollworms causam perdas significativas de rendimento. A cultura é atacada por três tipos de bollworms, nomeadamente o bollworm americano *(Helicoverpa armigera),* o bollworm rosa *(Pectinophora gossypielia)* e o bollworm manchado *(Earias vitella).* Não existem fontes de resistência aos bollworms no germoplasma de algodão em todo o mundo. Além disso, são utilizados insecticidas para o controlo dos insectos na cultura do algodão. Os insecticidas têm efeitos adversos. A utilização de insecticidas também conduz à poluição ambiental (solo e água), ao aumento do custo da cultura e, por vezes, ao desenvolvimento de resistência nos insectos contra os insecticidas. Por conseguinte, é necessário desenvolver algodão resistente aos bollworms para controlar as perdas de rendimento devidas aos bollworms.

O algodão Bt foi desenvolvido através da transferência do gene da proteína cristalina (Cry 1 AC) de uma bactéria do solo *Bacillus thuringiensis var. Kurstaki* para o algodão. O gene foi transferido para o algodão através da transformação mediada por uma bactéria agrícola. A proteína cry produzida no algodão transgénico é tóxica para todos os bollworms. Na Índia, após testes exaustivos de híbridos de algodão Bt (com o gene Cry1 Ac) no Projeto Coordenado de Melhoramento do Algodão de Toda a Índia (AICCIP) e nos campos de agricultores, o Governo indiano aprovou o cultivo comercial de híbridos de algodão Bt a partir da campanha de 2002. No entanto, continua a existir uma grande diferença entre o potencial de produção e a produção efectiva realizada pelos produtores de algodão. Tal pode dever-se à adoção parcial ou ao desconhecimento das práticas de cultivo científico recomendadas pelos produtores de algodão. Mas não foram feitos esforços sistemáticos para estudar as lacunas existentes em vários componentes da cultura do algodão. Por conseguinte, o presente estudo foi planeado para conhecer os conhecimentos e a adoção da tecnologia de produção de algodão Bt recomendada entre os agricultores.

OBJECTIVOS DO ESTUDO

1.1 Perfil pessoal dos produtores de algodão Bt

1.2 Conhecimento dos inquiridos sobre o cultivo científico do algodão Bt

1.3 Grau de adoção da cultura científica do algodão Bt pelos agricultores

1.4 Relação entre o perfil do inquirido e o seu conhecimento sobre o cultivo científico do algodão Bt

1.5 Relação entre o perfil do inquirido e a sua adoção da cultura científica do algodão Bt

1.6 Problemas encontrados pelos agricultores na adoção do pacote de práticas recomendado e sugestões para os ultrapassar.

METODOLOGIA

No presente inquérito, foi utilizado um modelo de investigação ex-post-facto. O estudo foi realizado durante abril-junho de 2017 no distrito de Bharuch, no estado de Gujarat. O foco principal da investigação é o conhecimento dos agricultores sobre o cultivo científico da cultura do algodão no distrito de Bharuch.

A investigação foi efectuada no distrito de Bharuch, no estado de Gujarat, em 2017. O distrito é composto por oito talukas, entre as quais Bharuch, Jambusar e Amod foram selecionadas aleatoriamente para o estudo. De cada taluka foram selecionadas aleatoriamente três aldeias com o número máximo de produtores de algodão Bt. Em cada uma das aldeias selecionadas, os agricultores foram escolhidos por amostragem aleatória, de modo a constituir uma amostra de 90 inquiridos para o estudo.

Foram medidas onze variáveis, nomeadamente a educação, a dimensão da propriedade fundiária e a participação social, o rendimento anual medido através de uma escala desenvolvida por Pandya (2010), o contacto com a extensão rural por Patil (1994), a experiência agrícola por Silvakumar (1988) e a orientação científica por Supe (1969). A exposição aos meios de comunicação social é medida através de uma escala desenvolvida por Nirban (2004). Para medir o conhecimento e o nível de adoção da cultura científica do algodão Bt, foi elaborado um calendário estruturado através da revisão da literatura relacionada e de sugestões de peritos.

Os dados foram recolhidos através do método de entrevista pessoal. Para analisar os dados, foram utilizados instrumentos estatísticos, nomeadamente a frequência, a percentagem, a classificação e a correlação.

CONCLUSÕES

1   A maioria dos agricultores encontrava-se na faixa etária média (36-50 anos).

2   A maior parte dos agricultores tinha formação até ao nível primário e secundário.

3   A maioria dos agricultores tinha mais de 5 acres de terra.

4   A maioria dos agricultores participava   numa ou mais organizações.

5   A maioria dos agricultores tinha rendimentos anuais até Rs. 1.00.000.

6   A maioria dos agricultores teve um   contacto médio com a extensão.

7   A maioria dos agricultores tinha uma   experiência agrícola média   (10-19 anos   ).

8   A maioria dos agricultores pertencia a um nível médio de orientação científica.

9   A maioria dos agricultores tinha um nível médio de exposição aos meios de comunicação social

10   A maioria dos agricultores tinha um nível médio de conhecimentos sobre o cultivo científico da cultura do algodão Bt.

11   A maioria dos agricultores tinha um nível médio de adoção da cultura científica do algodão Bt.

12   As variáveis como a idade, a participação social e o rendimento anual apresentaram uma correlação positiva e não significativa com o nível de conhecimentos, e a experiência agrícola apresentou uma correlação negativa e não significativa com o nível de conhecimentos, e a dimensão da exploração agrícola e o contacto com a extensão apresentaram uma correlação positiva e significativa com o nível de conhecimentos, e a educação, a orientação científica e a exposição aos meios de comunicação social apresentaram uma correlação positiva e significativa com o nível de conhecimentos.

13   As variáveis como o contacto com a extensão e a experiência agrícola foram positivas e não significativamente correlacionadas com o nível de adoção, e a idade, o rendimento anual e a orientação científica foram positivas e significativamente correlacionadas com o nível de adoção, e a educação, a dimensão da propriedade fundiária, a participação social e a exposição aos meios de comunicação social foram positivas e altamente significativas com o nível de adoção.

14   A maioria dos produtores de algodão Bt enfrentou os seguintes constrangimentos: "Fornecimento inadequado de eletricidade", seguido de "Falta de instalações de irrigação e de disponibilidade de água nos canais", "Custo elevado dos produtos químicos fitossanitários", "Não disponibilidade da quantidade necessária de farinha de trigo", "Custo elevado dos fertilizantes químicos", "Custo elevado das sementes híbridas", "Falta de facilidades de crédito". Quanto às limitações técnicas, "Falta de conhecimentos para gerir as doenças", seguida de "Custo inicial elevado", "Falta de conhecimentos para gerir as pragas", "Falta de conhecimentos sobre as diferentes práticas de cultivo". No caso das restrições de mão de obra, "Indisponibilidade de trabalhadores", seguida de "Salários elevados dos trabalhadores". Por outro lado, "Baixo preço do produto" seguido de "Exploração por intermediários" no que respeita aos constrangimentos relacionados com a comercialização.

15   As principais sugestões dadas pelos produtores de algodão Bt em relação a cada um dos constrangimentos foram: "A eletricidade para irrigação deve ser fornecida regularmente e por mais tempo", seguida de "A água do canal é fornecida regularmente", "Os trabalhadores da extensão agrícola devem fornecer informações sobre a variedade, gestão da irrigação, estrume e fertilizantes, proteção das plantas e novas práticas das culturas de algodão Bt", "Organização de programas de formação de agricultores para os produtores de algodão Bt", "As sementes e os fertilizantes químicos devem estar facilmente disponíveis a um preço justo".

RECONHECIMENTO

Alguns momentos gloriosos desta vida curta e cheia de acontecimentos devem ser guardados num canto do coração para que eu possa descobrir o significado da vida recordando estas doces memórias. Todo o louvor a Deus todo-poderoso, grande benevolente, sempre misericordioso. Ele encheu-me de coragem e confiança para cumprir a tarefa desejada. A humilde dedicação é a personalidade mais perfeita do universo de todos os tempos.

*Tudo tem a sua própria beleza, mas nem toda a gente consegue ver sem uma observação crítica e uma grande visão. Hoje estou à porta desta visão devido ao meu orientador principal, **Dr. P. B. Khodifad,** professor assistente, Departamento de Educação de Extensão, N. M. College of Agriculture, Navsari Agricultural University, pelas suas críticas construtivas, atenção, encorajamento constante, entusiasmo incansável e orientação preciosa durante todo o período da investigação. Foi a sua atitude muito cooperante e meticulosa que tornou esta tese uma realidade. A tese não teria tomado esta forma sem os seus esforços sinceros, incansáveis e dedicados.*

*Quero expressar os meus profundos agradecimentos ao meu estimado co-orientador, **Dr. V. R. Naik**, pela confiança, pela discussão perspicaz, pelos conselhos valiosos, pelo seu apoio durante todo o período do estudo e, especialmente, pela sua paciência e orientação durante o processo de redação. Gostaria de agradecer aos membros do comité de leitura, **Prof. Dr. R. D. Pandya**, Prof. **Dr. B. K. Bhatt** e ao Prof. **Dr. M. R. Bhatt** pelos seus excelentes conselhos e revisão pormenorizada durante a preparação deste problema especial.*

*Os meus sinceros agradecimentos vão também para os meus professores de departamento, **Sr. V. P. Vejapara, Dr. R M. Naik, Dr. O. P. Sharma**, pela ajuda que me deram em tempo útil para completar a tarefa empreendida.*

*Embora os agradecimentos sejam tabu na amizade, a minha consciência não me permite abster-me de exprimir o meu sentimento sincero em relação aos meus queridos amigos **Tejas, Rahul, Virendra bhai, Dashrathbhai, Kishan Sharma, Hashmukhbhai, Darvinbhai, Shashibhai, Mukeshbhai, Vedantbhai, Keyurbhai, Arpitbhai, Rajeshbhai, Dr. Jitendra Sharma, Ankitbhai, Mujibhai, Manishbhai, Hardikbhai, Vishal, Vaghela bhai. Jitendra Sharma, Ankitbhai, Mujibhai, Manishbhai, Hardikbhai, Dipakbhai, Hiral, Akash, Vishal e Vaghela bhai.** Gostaria também de agradecer aos meus amigos de infância **Ankit, Bhavin, Shailesh, Hitesh, Rohan, Jayesh, Paresh, Nailesh,** Haresh, **Pinkesh e Ganesh.** Todos os amigos são tão íntimos que parece estranho dizer-lhes "obrigado", mas estarei sempre disposto a ajudá-los sempre que a oportunidade surgir.*

*Expresso a minha sincera gratidão ao meu pai, **Sr. Hitendrakumar J.***

Pandya, *e à minha mãe*, **Sra. Hetalben H. Pandya.** *Desejo igualmente exprimir a minha profunda gratidão e respeito aos membros da minha família, o meu tio* **Gunvantbhai,** *a minha tia Bhavishaben, a minha irmã* **Axita** *e o meu irmão* **Jay,** *a minha avó* **Hemlataben**, **Ramandada** *e* **Chiku,** *pelo amor contínuo, inspiração, encorajamento, apoio moral e sacrifício pessoal a todos os níveis possíveis.*

Gostaria de expressar a minha sincera gratidão à minha amada esposa Darshini. Ela está sempre presente em todas as situações e ajuda-me a resolver todos os problemas que enfrento na minha vida, orienta-me sempre para as decisões corretas e dá-me o seu melhor apoio em todas as fases da minha vida, em todas as decisões da minha vida, apoia-me e dá-me toda a felicidade do mundo. Não sei como agradecer-lhe o apoio moral, o encorajamento e os sacrifícios que fez por mim. Agradeço-vos de todo o coração por todo este amor e carinho.

Gostaria de agradecer especialmente ao meu sogro **Roshanbhai D. Patel** *e à minha sogra* **Parulben R. Patel** *pelos cuidados e pelo amor que me dedicaram, pelo apoio moral e pelo encorajamento que sempre me deram, e por me inspirarem e me inspirarem, e estou-lhes sempre grato pelos seus sacrifícios, cuidados e amor por mim. Estou também grato ao meu cunhado Jay* **R. Pate,** *pelo seu apoio e amor e estou também grato e especialmente grato ao meu avô Dhanjibhai* **K. Patel,** *pelo seu amor, carinho e por me inspirar sempre no caminho da vida.*

Estou também muito grato à minha professora **Chaitali J. Shah** *e ao senhor Jatin* **Shah** *por me terem guiado e me terem tornado capaz de alcançar algo na vida.*

Acima de tudo, estou grato a Bapu **(Swami Shri Shankaranandji maharj)** *por me ter dado paciência, força e orientação para ultrapassar as dificuldades que se atravessaram no meu caminho para chegar a este destino.*

Por último, agradeço a **"DEUS"** *e à* **"BONDADE"** *e a todos os que contribuíram para o êxito desta missão de estudo.*

Navsari

junho de 2017   **Dandy a Divyang H**

CAPÍTULO 1

INTRODUÇÃO

A agricultura sempre ocupou um lugar de destaque na economia indiana. A grande importância da agricultura na economia do país é bem compreendida pelo facto de ser o principal sustento da população. A Índia é um país predominantemente agrícola.

A agricultura é a espinha dorsal da Índia, que moldou ao longo dos séculos a vida cultural, económica e de perspectivas da população do país. Logo após a independência, a Índia enfrentou o desafio de garantir a segurança alimentar de milhões de pessoas. Por conseguinte, foram introduzidos vários programas de desenvolvimento para ajudar as populações rurais a aumentar a produção agrícola, melhorar o artesanato e as indústrias existentes nas aldeias, prestar um apoio mínimo em matéria de saúde, educação e melhorar globalmente os meios de subsistência das populações rurais.

O Governo da Índia, com o objetivo de alterar o cenário rural, tomou uma série de medidas, tais como a reforma agrária, a consolidação das explorações agrícolas, o aumento das instalações de irrigação, a diversificação dos padrões de cultivo, a introdução do recenseamento agrícola, a evolução das técnicas agrícolas e das variedades de elevado rendimento, etc. Consequentemente, a produtividade de muitas culturas registou uma tendência crescente, mas durante a última década observou-se uma estagnação da produtividade de muitas culturas.

A Índia é o berço de culturas de cereais, leguminosas e oleaginosas como o algodão, a rícino, o amendoim, etc. O algodão é conhecido como a cultura "rei das fibras" devido à sua importância global na agricultura e na economia industrial. É cultivado em mais de 100 países e estima-se que seja cultivado em cerca de 2,5% das terras cultiváveis do mundo (Shiv Sankarand Naidu, 2015). Fornece 5 produtos de base: cotão, óleo, farinha de sementes, cascas e linters. Devido à sua natureza polivalente e à sua utilização, tem uma enorme procura por parte da indústria, o que faz com que esta cultura seja muito apreciada pela comunidade agrícola.

Os principais países produtores de algodão são a China, a Índia, os Estados Unidos da América, o Brasil, o Paquistão, a Turquia, o México e o Sudão, que representam cerca de 85,00 % da produção mundial total de algodão. A Índia ocupa a primeira posição no que diz respeito à área cultivada de algodão e a quarta posição em termos de produção de algodão no mundo. Em 2016-17, a área total da Índia cultivada com algodão foi de 105 lakh hectares, com uma produção de 351 lakh fardos e um rendimento médio de 568 kg/ha. (Fonte: Conselho Consultivo do Algodão).

O algodão ocupa um lugar predominante entre as culturas de rendimento, tocando a economia do país em vários pontos ao gerar emprego direto e indireto nos sectores agrícola e industrial. O algodão ocupa um lugar de orgulho por ser o principal fornecedor de matérias-primas para a indústria têxtil, que é uma das principais indústrias do país. As indústrias do algodão proporcionam meios de subsistência a milhões de pessoas através do seu cultivo, comércio e indústrias na Índia. Comercialmente, o algodão é um dos produtos de base mais rentáveis para exportação no país.

O algodão Bt *(Bacillus thuringiensis)* tem sido uma das culturas transgénicas mais adoptadas e eficazes.

No algodão, os bollworms causam perdas significativas de rendimento. Três tipos de bollworms, viz. bollworm americano *(Helicoverpa armigera),* bollworm rosa *(Pectinophora gossypielia')* e bollworms manchados *(Earias vitella}* atacam a cultura. Não existem fontes de resistência aos bollworms no germoplasma de algodão em todo o mundo. Além disso, são utilizados insecticidas para o controlo de insectos na cultura do algodão. Os insecticidas têm efeitos adversos nos predadores e parasitas naturais dos bollworms, nos insectos benéficos, na saúde humana e em microrganismos como as minhocas, as algas verdes azuis e as bactérias fixadoras de azoto. A utilização de insecticidas também conduz à poluição ambiental (solo e água), ao aumento do custo de cultivo e, por vezes, ao desenvolvimento de resistência nos insectos contra os insecticidas. Por conseguinte, é necessário desenvolver algodão resistente aos bollworms para controlar as perdas de rendimento devidas aos bollworms.

Apesar da utilização de grandes quantidades de pesticidas, o controlo dos insectos no algodão tornou-se uma tensão psico-socioeconómica para os agricultores da Índia. Quando os pesticidas mais recentes, como os piretróides sintéticos, foram introduzidos na Índia, na década de 1980, a sua utilização era pré-moderada e pouco científica. A utilização indiscriminada de tais pesticidas resultou no desenvolvimento de resistência nos bollworms e no ressurgimento da mosca branca. Uma vez que necessitamos de uma agricultura segura e sustentável, é imperativo adotar estratégias eficazes e respeitadoras do ambiente, como a gestão integrada das pragas (IPM), para reduzir o consumo de pesticidas. No entanto, a GIP exige formação e demonstrações adequadas, a disponibilização de agentes de biocontrolo, a monitorização participativa da incidência de pragas e um sistema comunitário de práticas de gestão. Os esforços de investigação que utilizam métodos convencionais de melhoramento de plantas para incorporar resistência/tolerância contra os bollworms não tiveram um impacto significativo. No entanto, a investigação sobre as abordagens biotecnológicas ofereceu uma alternativa sob a forma de algodão Bt.

O algodão Bt foi desenvolvido através da transferência do gene da proteína cristalina (Cry 1 AC) de uma bactéria do solo *Bacillus thuringiensis var. Kurstaki* para o algodão. O algodão Bt é também designado por algodão transgénico, uma vez que o gene introduzido é de um género muito diferente e não relacionado. O gene foi transferido para o algodão através da transformação mediada por uma bactéria agrícola. A proteína cry produzida no algodão transgénico é tóxica para todos os bollworms. O cultivo comercial do algodão Bt no mundo começou em 1996.

A investigação sobre o algodão Bt na Índia é monitorizada e regulamentada pelo Departamento de Biotecnologia, Governo da Índia

Na Índia, após testes exaustivos de híbridos de algodão Bt (com o gene Cry1 Ac) no All India Coordinated Cotton Improvement Project (AICCIP) e nos campos dos agricultores, o Governo indiano aprovou o cultivo comercial de híbridos de algodão Bt a partir da campanha de 2002.

Gujarat é o segundo maior estado produtor de algodão da Índia, com uma área de 30,06 lakh ha cultivada com algodão, mas ocupa a primeira posição no que respeita à produção de 707 kg/ha no país. Durante o ano de 2015-2016, a produção anual total de algodão no Estado foi de 94 lakh fardos. A produtividade média do algodão no estado de Gujarat foi de 588 kg/ha, muito superior à de muitos dos estados indianos produtores de algodão e mesmo à média nacional. Entre os Estados produtores de algodão do país, Gujarat é um dos principais Estados produtores de algodão, que cobre uma área de cerca de 24 lakh ha com uma produção de 95 lakh fardos e um rendimento de 673 kg/ha em 2016-17. O algodão é cultivado como principal cultura comercial em quase todos os distritos do estado de Gujarat. Entre estes, os distritos de Vadodara, Surendranagar, Ahmedabad, Bhavnagar, Bharuch, Kheda, Surat, Rajkot, Junagadh e Kutch são os principais distritos produtores de algodão.

É um facto que a introdução de novas tecnologias agrícolas resultou numa transformação progressiva da agricultura tradicional para a agricultura moderna. Existe ainda uma grande diferença entre o potencial de produção e a produção efectiva realizada pelos agricultores. Tal pode dever-se à adoção parcial do pacote de práticas recomendado pelos agricultores. A adoção parcial deve-se a constrangimentos multifacetados que operam na situação real no terreno.

A principal tarefa atual é reduzir esta diferença de rendimento o mais rapidamente possível. A tecnologia agrícola não é geralmente aceite pelos agricultores em todos os seus aspectos como tal. Existe sempre um desfasamento entre a tecnologia recomendada pelos cientistas e a sua utilização ao nível dos agricultores. Este desfasamento tecnológico constitui um problema importante nos esforços de aumento da produção agrícola.

O distrito de Bharuch é o principal distrito produtor de algodão do Estado. Os agricultores do distrito são pioneiros na introdução da cultura do algodão. O distrito é composto por 8 talukas, das quais Bharuch, Amod e Jambusar são consideradas regiões com potencial de produtividade para a cultura do algodão, devido às facilidades de irrigação asseguradas e às condições edafoclimáticas favoráveis.

No entanto, continua a existir uma grande diferença entre o potencial de produção e a produção efectiva realizada pelos produtores de algodão. Isto pode dever-se à adoção parcial ou ao conhecimento do pacote de práticas recomendado pelos produtores de algodão. Mas não foram feitos esforços sistemáticos para estudar a diferença existente em vários componentes da cultura do algodão. Por conseguinte, o presente estudo foi planeado para conhecer os conhecimentos e a adoção da tecnologia de produção de algodão Bt recomendada entre os agricultores.

1.1   Objectivos do estudo

1.1.1   Perfil pessoal dos produtores de algodão Bt

1.1.2   Conhecimento dos inquiridos sobre o cultivo científico do algodão Bt

1.1.3   Grau de adoção da cultura científica do algodão Bt pelos agricultores

1.1.4   Relação entre o perfil do inquirido e o seu conhecimento sobre o cultivo científico do algodão
Bt

1.1.5   Relação entre o perfil do inquirido e a sua adoção de conhecimentos científicos
cultivo de algodão Bt

1.1.6   Problemas encontrados pelos agricultores na adoção do pacote de práticas recomendado e
sugestões para os ultrapassar.

1.2   Formulação de hipóteses

Tendo em conta os objectivos gerais do estudo, foram formuladas as seguintes hipóteses nulas
e alternativas para serem testadas estatisticamente.

Ho: Não existe relação entre o perfil dos produtores de algodão Bt e o nível de conhecimento
e adoção dos agricultores sobre o cultivo científico da cultura do algodão Bt.

H1:   Existe uma relação entre o perfil dos produtores de algodão Bt e
conhecimento e nível de adoção dos agricultores sobre o cultivo científico da cultura do
algodão Bt.

1.3   Âmbito do estudo

O presente estudo identificará os conhecimentos e o nível de adoção dos agricultores sobre as
práticas de cultivo do algodão Bt, juntamente com os constrangimentos que enfrentam no cultivo da cultura.
Os resultados do estudo serão úteis para os mecanismos de investigação e extensão para sistematizar ainda
mais os seus esforços no sentido de ajudar os agricultores a obterem o máximo rendimento e rendimento
através do cultivo da cultura. Os constrangimentos enfrentados pelos agricultores seriam de muito maior
importância para os funcionários da extensão e para os decisores políticos, para que orientem os seus esforços
no sentido de os eliminar na medida do possível, uma vez que a cultura é, em última análise, a fonte de
subsistência para muitos e a fonte de divisas para o país.

1.4   Limitações do estudo

Devido a limitações de tempo e outros recursos, o estudo limitou-se a apenas três taluks do
distrito de Bharuch. Além disso, a opinião expressa pelos inquiridos em relação às várias questões do estudo
pode não estar totalmente isenta de preconceitos pessoais. Por conseguinte, os resultados do estudo não podem
ser generalizados para além dos limites da área de estudo.

1.5   Operacionalização dos termos utilizados

1.5.1   Idade:

Refere-se à idade efectiva dos produtores de algodão Bt em anos completos. Significa a idade
cronológica dos produtores de raízes e tubérculos.

1.5.2   Formação académica:

Refere-se à educação formal obtida pelos produtores de algodão Bt selecionados.

1.5.3 Exploração fundiária

Refere-se à dimensão das terras pertencentes aos produtores de algodão Bt em todos os domínios, como irrigação, sequeiro e outros

1.5.4 Participação social:

Refere-se à participação dos produtores de raízes e tubérculos em diferentes organizações locais, formais e informais.

1.5.5 Rendimento anual:

Refere-se ao rendimento anual bruto da família dos produtores de algodão Bt, proveniente de todas as fontes.

1.5.6 Contacto de extensão

Refere-se aos produtores de raízes e tubérculos que se encontram com o pessoal da extensão para procurar aconselhamento e informação sobre a cultura do algodão Bt.

1.5.7 Anos de experiência

Refere-se ao número de anos de experiência de cultivo dos produtores de algodão Bt.

1.5.8 Orientação científica

É o grau em que os produtores de sementes de mamona são orientados para a utilização de métodos científicos em relação às mudanças sócio-técnicas e económicas.

1.5.9 Utilização dos meios de comunicação social:

Refere-se à exposição de um indivíduo a diferentes canais de comunicação social e ao grau de participação nos mesmos.

1.5.10 Conhecimentos

Trata-se de um conjunto de informações compreendidas que os produtores de raízes e tubérculos possuem sobre o pacote de práticas de cultivo de raízes e tubérculos.

1.5.11 Adoção:

A adoção é o processo mental através do qual um indivíduo passa da primeira audição sobre uma inovação para a adoção final.

1.5.12 Restrições

Estes são conceptualizados como os itens das dificuldades enfrentadas pelos produtores de raízes e tubérculos na agricultura de raízes e tubérculos.

1.5.13 Sugestões

Estas referem-se a opiniões ou a formas e meios sugeridos pelos produtores de raízes e tubérculos para ultrapassar os constrangimentos com que se deparam nas suas culturas de raízes e tubérculos.

1.6 Apresentação da tese

A tese é composta por cinco capítulos. O primeiro capítulo, Introdução, explica a necessidade do estudo, os objectivos, o âmbito e as limitações do estudo. O segundo capítulo, Revisão da Literatura, apresenta uma breve descrição dos estudos relevantes efectuados no passado em diferentes subtítulos. O terceiro capítulo, Metodologia, trata dos métodos e técnicas adoptados na realização do presente inquérito. O quarto capítulo, Resultados e Discussão, contém os resultados obtidos com a investigação e discute-os exaustivamente. O último capítulo constitui a Síntese, as Conclusões e as Implicações do estudo. A literatura citada, o programa de entrevistas e outros documentos relacionados são anexados no final da tese.

CAPÍTULO - II
REVISÃO DA LITERATURA

A revisão de investigações anteriores é muito necessária para qualquer investigação científica. Ajuda o investigador a desenvolver um esqueleto teórico e a conceber o estudo em causa. Também ajuda a comparar com estudos anteriores e a concluir os resultados com referência. Antes de formular o presente estudo, procedeu-se a uma análise crítica de muita literatura relacionada com o tema. Uma vez que as investigações anteriores e os escritos relacionados com o presente estudo eram muito escassos, foi também revista a literatura que tinha pouco ou nenhum impacto indireto. Algumas das revisões que foram encontradas próximas do presente estudo foram apresentadas sob os seguintes títulos:

2.1	Perfil pessoal dos produtores de algodão Bt
2.2	Conhecimento dos inquiridos sobre o cultivo científico do algodão Bt
2.3	Grau de adoção da cultura científica do algodão Bt pelos agricultores
2.4	Relação entre o perfil do inquirido e o seu conhecimento sobre o cultivo científico do algodão Bt
2.5	Relação entre o perfil do inquirido e a sua adoção da cultura científica do algodão Bt
2.6	Problemas encontrados pelos agricultores na adoção do pacote de práticas recomendado e sugestões para os ultrapassar.

2.1　Perfil pessoal do produtor de algodão Bt

2.1.1　Idade

Saha *et al.* (2010) mostraram que a maioria dos criadores de gado (47,5%) pertencia ao grupo de meia-idade, enquanto 39,5% pertenciam à terceira idade e 13% ao grupo de jovens.

Sajesh et al. (2011) observaram que quase metade dos inquiridos (44,00%) eram de meia-idade (35-50), seguidos de 36,00 por cento de idade mais jovem (<35) e 20,00 por cento de idade avançada (>50).

Agahiu et al. (2012) verificaram que a maioria dos agricultores se encontrava na faixa etária dos 31-50 anos, produzindo uma percentagem combinada de 88,2.

Kumar (2012) mostrou que a maior proporção (49,17%) dos produtores de hortaliças pertencia à faixa etária jovem (menos de 40 anos), em comparação com 35,83% que pertenciam à faixa etária média e apenas 15,00% à categoria idosa.

Preethi et al. (2013) indicaram que a maioria (52,2 por cento) pertencia ao grupo de meia-idade, seguido de 34,5 por cento e 13,3 por cento que pertenciam aos grupos de idade avançada e jovem, respetivamente.

Rathod et al. (2014) revelaram que a maioria (71,00 por cento) dos inquiridos pertence ao grupo de meia-idade, seguido de 16,00 por cento pertencentes ao grupo de idade jovem e 13,00 por cento na categoria de idade avançada.

Loko et al. (2016) constataram que a maioria dos agricultores inquiridos (50 por cento) se encontrava no grupo etário dos 40-59 anos, seguido dos grupos etários dos 22-39 anos (28,2 por cento) e dos 60-79 anos (16,9 por cento). Apenas 4,9 por cento dos agricultores tinham mais de 80 anos de idade, respetivamente.

Pahuja e Singh (2013) revelaram que a maioria dos inquiridos (74,00%) era de meia-idade, seguida de 18,00% de jovens e 08,00% de idosos.

Sarkar (2016) constatou que 55,00 por cento dos inquiridos tinham entre 30 e 40 anos, seguidos de 20,00 por cento com 20 a 30 anos, 19,00 por cento com menos de 40-50 anos e 06,00 por cento com mais de 50 anos.

2.1.2   Educação

Saha *et al.* (2010) revelaram que 35,83% dos inquiridos eram analfabetos, seguidos de 20,00% dos inquiridos que apenas sabiam ler e escrever, 14,58% dos inquiridos tinham o ensino secundário, 12,50% tinham uma licenciatura, 10,00% tinham o ensino médio e 7,08% tinham o ensino primário.

Sajesh et al. (2011), no seu estudo sobre os níveis de educação dos participantes, observaram que 36,00 por cento dos participantes tinham educação até ao nível do ensino superior, seguidos de 26,00 por cento com literacia funcional, 16,00 por cento com educação até ao nível primário e médio e 04,00 por cento com educação até ao nível superior.

Agahiu *et al.* (2012) revelaram que a frequência do nível de escolaridade dos agricultores era do tipo primário (39,1 por cento), superior ao secundário (14 por cento) e superior ao terciário (5,6 por cento), e os restantes 41,3 por cento eram analfabetos.

Pahuja e Singh (2013) referiram que 20,00 por cento dos membros tinham o nível de ensino primário, seguidos de 15,00 por cento com alfabetização funcional, 10,00 por cento com o nível de ensino médio e 09,00 por cento dos membros com o nível de ensino médio.

Rathod *et al.* (2014) concluíram que a maioria (37,33%) dos inquiridos possuía um nível de escolaridade superior, seguido de 29,33, 20,67 e 12,67% na categoria de nível universitário, analfabeto e nível de escolaridade primário, respetivamente.

Boruah *et al.* (2015) revelaram que 52,50% dos inquiridos tinham um nível de escolaridade médio, 27,50% tinham um nível de escolaridade baixo, 13,33% não tinham qualquer escolaridade e apenas 6,67% tinham um nível de escolaridade elevado.

Patidar *et al.* (2015) revelaram que 57% dos inquiridos tinham menos do que o ensino secundário, 34% tinham o ensino secundário, 7% tinham um curso superior e 2% tinham um curso de pós-graduação.

Issa *et al.* (2016) descobriram que a média de anos de educação formal era de 11 (para Kaduna) e 13 anos para o Estado de Ondo. Isto indica que a empresa tinha uma boa proporção de pessoas alfabetizadas, o que significa que um bom número de agricultores era alfabetizado, especialmente nos níveis primário (30,8%) e secundário (41,2%).

Loko *et al.* (2016) revelaram que a formação académica dos agricultores mostrava que 42,2 por cento deles eram analfabetos e não tinham qualquer educação formal. Um total de 67 agricultores (47,2%) possuía o ensino básico (ensino primário), enquanto 15 agricultores (10,6%) tinham o ensino secundário.

Dobariya et al. (2016) referiram que 37,50% dos inquiridos tinham o nível de ensino primário. Os inquiridos do ensino secundário, do ensino secundário superior e da categoria de analfabetos eram 35,00 e 25,00 por cento, respetivamente. Muito poucos inquiridos (02,50%) possuíam um nível de ensino superior.

2.1.3 Exploração de terras

Saha *et al.* (2010) revelaram que a maioria dos inquiridos (72,92%) tinha até 2 ha de terra, seguidos de 15,83% que tinham mais de 2 ha de terra e 11,25% que não tinham terra.

Sajesh *et al.* (2011) referiram que os inquiridos com uma exploração fundiária pequena e marginal eram (66,00%) e (28,00%), respetivamente, havendo poucos inquiridos (06,00%) com uma exploração fundiária média e nenhum dos inquiridos pertencia à categoria das grandes explorações fundiárias.

Agahiu *et al.* (2012) constataram que 45,3% dos agricultores tinham 1-3 ha de terra, seguidos por 29,6% dos agricultores tinham 4-6 ha, 23,8% dos agricultores tinham menos de 1 ha e 1.3 por cento dos agricultores tinham mais de 6 ha de terras, respetivamente.

Rathod *et al.* (2014) concluíram que a maioria (76,67%) dos inquiridos possuía uma exploração fundiária média, seguida de 12,67% e 10,66% de pequenas e grandes explorações fundiárias.

Boruah *et al.* (2015) revelaram que a maioria (37,5 por cento) dos inquiridos pertencia à categoria de pequenos agricultores na amostra global, seguida de semi-médios agricultores (36,67 por cento). Os agricultores marginais e médios registaram 8,33 por cento e 17,5 por cento, respetivamente, na amostra global.

Patidar *et al.* (2015) revelaram que a maioria (49 por cento) dos inquiridos pertencia a uma exploração agrícola de 21-50 acres, seguida de 31 por cento dos inquiridos que pertenciam a mais de 50 acres.

Hanglem *et al.* (2015) revelaram que quase metade dos membros (42,50%) possuía terras de tamanho médio, seguidos de 37,50% com terras pequenas e semi-médias e 20,00% com menos de 1 ha de terras.

Issa *et al.* (2016) revelaram que a dimensão média das explorações agrícolas cultivadas pelos inquiridos era de 3,01 e 4,08 ha nos estados de Kaduna e Ondo, respetivamente.

Dobariya *et al.* (2016) referiram que 29,00 por cento dos inquiridos pertenciam a uma exploração marginal, seguidos de 28,00 por cento com uma exploração pequena, 22,50 por cento com uma exploração média e 20,50 por cento com uma exploração grande.

2.1.4 Participação social

Saha *et al.* (2010) indicaram que cerca de 69,58% dos agricultores não estavam ligados a nenhuma instituição. Apenas 17,92% dos agricultores eram titulares de cargos públicos. Também foi revelado que cerca de 12,08% dos agricultores estavam associados a uma ou mais organizações e 0,42% eram líderes públicos mais alargados.

Priya *et al.* (2011) referiram que 35,80 por cento dos inquiridos tinham um nível médio de participação, seguidos de 34,20 por cento com um nível elevado de participação e 30,00 por cento com um nível baixo de participação.

Tamboli (2012) observou que a maioria (69,00 por cento) dos agricultores tinha uma participação social média, enquanto 16,00 por cento deles tinham uma participação social baixa. Apenas 15,00 por cento dos agricultores tinham um nível elevado de participação social.

Devi *et al.* (2013) referiram que a maioria dos inquiridos (67,50%) tinha uma participação social média, seguida de 20,83% que tinham um nível elevado e 11,67% que tinham um nível baixo de participação social.

Narmatha *et al.* (2014) concluíram que mais de metade dos inquiridos (52,00%) tinha um nível médio de participação social, seguido de 46,67% com níveis baixos e 01,33% com níveis elevados de participação social.

Gautam *et al.* (2015) constataram que a maioria dos inquiridos tinha uma participação social elevada e média (40% cada) e 20% dos inquiridos tinham uma participação social baixa.

Issa *et al.* (2016) revelaram que a pertença a uma associação tinha uma média de 1,47 (para Kaduna) e 1,51 (para o Estado de Ondo). Isto indica que a maioria dos inquiridos pertencia a uma associação ou outra e também revelou que a maioria (70,3%) dos inquiridos pertencia a uma média de 3 organizações sociais, o que indica uma elevada participação social.

2.1.5   **Rendimento anual**

Patel *et al.* (2011) observaram que a maioria (80,00 por cento) dos agricultores tinha um nível médio de rendimento anual, seguido de 10,00 por cento dos agricultores com um nível elevado de rendimento anual e, por último, 10,00 por cento com um nível baixo de rendimento anual.

Narmatha *et al.* (2014) referiram que 60,00 por cento dos inquiridos pertenciam à categoria de rendimento médio, seguidos de 32,00 por cento que pertenciam à categoria de rendimento elevado e 08,00 por cento que pertenciam à categoria de rendimento baixo.

Saroj e Singh (2015) mostraram que o rendimento anual de 36,42% das famílias inquiridas pertencia ao grupo de rendimento de 45 000 a 55 000 rupias/ano, 25,34% pertenciam ao grupo de rendimento de 55 000 rupias ou mais e 23,58% pertenciam ao grupo de rendimento de 35 000 a 45 000 rupias/ano.

Boruah *et al.* (2015) revelaram que a maioria (51,67%) dos inquiridos pertencia a um grupo com rendimentos anuais entre 25001 e 50000 rupias, seguido de 25% com rendimentos anuais entre 75001 rupias e superiores, 20,83% com rendimentos entre 50001 e 75000 rupias e apenas 2,5% dos inquiridos tinham rendimentos até 25000 rupias na amostra global.

2.1.6   **Contacto de extensão**

Mandlik (2012) observou que 10,84% dos inquiridos tinham um baixo nível de contacto com a extensão. Por outro lado, 75,00 por cento dos inquiridos tinham um nível médio de contactos de extensão, seguido de 14,16 por cento dos inquiridos com um nível elevado de contactos de extensão.

Thorat (2013) observou que a maioria (59,00 por cento) dos inquiridos tinha um contacto de extensão médio, 22,00 por cento tinham um contacto de extensão elevado, enquanto 19,00 por cento tinham um contacto de extensão baixo.

Gawai *et al.* (2013) referiram que 52,50% dos inquiridos tinham um contacto médio com a extensão, seguido de 24,17% com um nível baixo de contacto com a extensão e 23,33% com um nível alto de contacto com a extensão.

Boruah *et al.* (2015) revelaram que a maioria dos inquiridos tinha um nível médio de contacto com a extensão (70,83%), seguido de 16,67% e 12,50% com um nível baixo e alto de contacto com a extensão, respetivamente.

Dobariya *et al.* (2016) descobriram que 44,00 por cento dos inquiridos tinham um contacto de extensão médio, seguido de 31,50 por cento com um nível baixo e 24,00 por cento dos inquiridos com um nível mais elevado de contacto de extensão.

2.1.7   Experiência agrícola

Agahiu *et al.* (2012) concluíram que 44,6% dos agricultores tinham 16 a 20 anos de experiência, seguidos de 28,5% dos agricultores com 11 a 15 anos de experiência, 19,1% dos agricultores com mais de 20 anos de experiência e 7,8 percentagem média combinada de agricultores com menos de 10 anos de experiência, respetivamente.

Dhodia *et al.* (2014) concluíram que mais de metade (69,00 por cento) dos inquiridos tinha uma experiência agrícola média, enquanto 18,00 por cento e 13,000 por cento tinham uma experiência agrícola baixa e alta, respetivamente.

Issa *et al.* (2016) revelaram que a média de anos de experiência agrícola dos agricultores era de cerca de 25 anos nos estados de Kaduna e Ondo.

Loko *et al.* (2016) constataram que mais de metade dos produtores inquiridos (63,4%) tinham 8-24 anos de experiência na produção de inhame, 30,9% tinham entre 25 e 41 anos de experiência e 5,7% tinham 42-52 anos de experiência, respetivamente.

2.1.8   Orientação científica

Shinde (2011) revelou que exatamente três quintos (60,00 por cento) dos produtores de algodão tinham um nível médio de orientação científica, seguido de igual nível (20,00 por cento) com um nível alto e baixo de orientação científica, respetivamente.

Savitha e Ratnakar (2011) referiram que a maioria (55,00 por cento) dos agricultores biológicos tinha um nível médio de orientação científica, enquanto 26,67 e 18,33 por cento dos agricultores biológicos tinham um nível baixo e alto de orientação científica, respetivamente.

Patel M.R. (2011) revelou que 61,00 por cento dos inquiridos tinham uma orientação científica média, seguidos de 22,50 por cento e 16,50 por cento com uma orientação científica baixa e alta, respetivamente.

Rathod *et al.* (2012) referiram que 80,00 por cento dos agricultores tinham uma orientação científica média, seguida das categorias de orientação científica baixa (18,66 por cento) e alta (1,34 por cento).

Parvez Rajan (2013) referiu que a maioria (82,22%) dos piscicultores possuía um elevado nível de orientação científica e 17,78% possuíam um nível médio de orientação científica.

Avinash *et al.* (2013) concluíram que a maioria dos inquiridos (50,83%) pertencia à categoria de orientação científica média. Por outro lado, 29,16% e 20,00% dos inquiridos pertenciam à categoria de orientação científica alta e baixa, respetivamente.

Maraddi *et al.* (2014) referiram que quase metade dos inquiridos possuía um nível inferior de orientação científica (50,83%), seguido da categoria de orientação científica média (36,67%) e elevada (12,50%).

2.1.9 Exposição nos meios de comunicação social

Patel *et al.* (2012) referiram que dois quintos (40,00 por cento) dos inquiridos tinham um nível médio de exposição aos meios de comunicação social, seguido de 38,00 por cento dos inquiridos com um nível baixo de exposição aos meios de comunicação social.

Patel *et al.* (2014) referiram que um terço (30 por cento) dos agricultores tinha um nível médio de exposição aos meios de comunicação social, seguido de 28,33, 25, 13,33 e 3,33 por cento dos agricultores com um nível médio, muito baixo, elevado e muito elevado de exposição aos meios de comunicação social, respetivamente.

Patel *et al.* (2014) revelaram que a maioria (46,67%) dos agricultores utilizou de forma média as fontes de informação na agricultura biológica, seguidos de 28,33% e 25,00% dos agricultores que utilizaram de forma baixa e alta as fontes de informação na agricultura biológica, respetivamente.

2.2 Conhecimento dos inquiridos sobre o cultivo científico do algodão Bt

Lwin et *al.* (2012) revelaram que cerca de 80,00 por cento dos inquiridos nunca tinham ouvido falar de GIP, enquanto apenas 20,00 por cento tinham conhecimentos sobre GIP, ao passo que 83,10 por cento dos inquiridos tinham conhecimentos sobre os perigos dos pesticidas, enquanto 16,90 por cento dos inquiridos não tinham conhecimentos sobre os perigos dos pesticidas.

Suman (2012) constatou que 50,00 por cento dos inquiridos tinham um nível de conhecimento fraco, seguido de 35,00 por cento e 15,00 por cento tinham um nível de conhecimento satisfatório e bom sobre a utilização de biofertilizantes.

Kumar *et al.* (2012), a maioria dos sericicultores (44,16%) tinha poucos conhecimentos sobre práticas de agricultura biológica na sericultura, enquanto 35,83% estavam na categoria de nível médio. Foi desanimador constatar que apenas 20,00 por cento dos sericicultores tinham um nível elevado de conhecimentos sobre as práticas de agricultura biológica na sericultura.

Lavison (2013) revelou que a maioria dos inquiridos, 99,50%, tinha conhecimento de que os fertilizantes orgânicos eram obtidos a partir de fontes orgânicas, como plantas e animais.

Kaur *et al.* (2015) revelaram que 29,33 por cento dos inquiridos tinham conhecimentos completos e 69,33 por cento tinham conhecimentos incompletos sobre o momento recomendado para a aplicação de fertilizantes. Enquanto 22,67% dos inquiridos tinham conhecimentos completos e 57,33% incompletos sobre as doses recomendadas de fertilizantes.

Bhatia *et al.* (2016) constataram que 48,00 por cento dos inquiridos tinham um nível de conhecimentos médio, seguido de 35,33 e 16,67 por cento com um nível de conhecimentos elevado e baixo, respetivamente.

Mistry *et al.* (2016) revelaram que a maioria (70,00 por cento) dos inquiridos possuía um nível médio de conhecimentos. Por outro lado, 23,00 por cento e 7,00 por cento possuíam um nível de conhecimento elevado e baixo sobre a tecnologia de cultivo de grama verde, respetivamente.

2.3   Grau de adoção da cultura científica do algodão Bt pelos agricultores

Adesope *et al.* (2012) concluíram que cerca de 68,90% dos agricultores adoptaram a prática da rotação de culturas e das culturas mistas como as principais práticas de agricultura biológica, respetivamente, a sacha e a monda manual representaram 63,30%, a queimada 58,90% e a consociação de culturas 50,00%. A partir dos resultados, é óbvio que os agricultores adoptaram cinco (5) das catorze (14) práticas de agricultura biológica enumeradas, o que corresponde a uma taxa de adoção de 35,70%. Isto indica que o nível de adoção de práticas de agricultura biológica é geralmente baixo, o que pode ser resultado da natureza extenuante de algumas das práticas, como a apanha manual de insectos e a lavoura com paus. Os agricultores não estavam muito convencidos dos seus méritos, da incapacidade e da má disposição dos agricultores, bem como da incapacidade da visita de extensão para facilitar a sua adoção.

Mandlik *et al.* (2013) relataram que a maioria dos inquiridos (90,00 por cento) tinha uma adoção média de práticas culturais, incluindo a lavoura profunda seguida no verão, a adoção de culturas armadilha, a adoção de aparas de teixes de campo, a adoção de práticas de saneamento do campo, o método de controlo de ervas daninhas, a adoção de práticas de culturas intercalares e a utilização de variedades resistentes a pragas para a sementeira, enquanto 3,33 por cento e 6,67 por cento dos inquiridos tinham uma adoção baixa e alta de práticas culturais, respetivamente.

Bhise *et al.* (2014) revelaram que a maioria (61,00 por cento) dos produtores de cebola se encontrava num nível médio de adoção, seguido de 22,00 por cento de produtores com baixo nível de adoção e apenas 17,00 por cento apareciam num nível elevado de adoção das práticas de cultivo recomendadas para a cebola.

Meena *et al.* (2015) revelaram que 13,50 por cento dos agricultores eram grandes adoptantes, 18,00 por cento eram pequenos adoptantes e os restantes 68,50 por cento dos agricultores estavam na categoria de adoptantes médios da tecnologia de produção de arroz.

2.4   Relação entre o perfil do inquirido e o seu conhecimento sobre o cultivo científico do algodão Bt

Bhoi *et al.* (2014) revelaram que, de quinze caraterísticas pessoais, socioeconómicas, comunicacionais e psicológicas dos agricultores beneficiários da demonstração da linha da frente, onze variáveis, nomeadamente educação, participação social, propriedade da terra, rendimento anual, fonte de informação utilizada, participação na extensão, exposição aos meios de comunicação social, motivação económica, orientação científica, orientação para o risco e capacidade de inovação dos produtores de rícino beneficiários da FLD exerceram uma correlação positiva e significativa com os seus conhecimentos sobre a tecnologia de produção de rícino, ao passo que as restantes variáveis, nomeadamente idade, ocupação e terras cultivadas com rícino e posse de animais dos produtores de rícino beneficiários da FLD, não mostraram qualquer correlação significativa com os seus conhecimentos.

Chaudhari *et al.* (2015) revelaram que seis variáveis, nomeadamente a educação, a ocupação, a participação social, os meios de comunicação social, a capacidade de inovação e a atitude em relação a várias actividades do KVK dos agricultores beneficiários, foram positivamente significativas em relação aos seus conhecimentos sobre tecnologias agrícolas melhoradas para a cultura do trigo. Seis variáveis, como a posse de terras, a posse de animais, a participação na extensão, a orientação científica, a motivação para a realização e a orientação para o risco dos agricultores beneficiários, foram positivamente não significativas em relação aos seus conhecimentos sobre tecnologias agrícolas melhoradas para a cultura do trigo. A idade foi negativamente significativa para os conhecimentos dos agricultores beneficiários sobre tecnologias agrícolas melhoradas para a cultura do trigo. Dez variáveis, nomeadamente a propriedade fundiária, a ocupação, a participação social, a participação na extensão, os meios de comunicação social, a orientação científica, a motivação para a realização, a capacidade de inovação, a orientação para o risco e a atitude em relação a várias actividades do KVK dos agricultores não beneficiários, foram positivamente não significativas em relação aos seus conhecimentos sobre as tecnologias agrícolas melhoradas da cultura do trigo. A idade foi negativamente e a educação e a posse de animais foram positivamente significativas para os conhecimentos dos agricultores não beneficiários no que respeita às tecnologias agrícolas melhoradas da cultura do trigo.

Mistry *et al.* (2016) revelaram que as variáveis viz; educação, participação social, rendimento anual, ocupação e tamanho da audiência mostraram uma associação positiva e significativa com o conhecimento dos inquiridos sobre a tecnologia de cultivo de grama verde. O tamanho da família dos inquiridos mostrou uma associação negativa e não significativa com o conhecimento. A propriedade fundiária dos inquiridos não teve qualquer associação com o nível de conhecimentos. A participação dos inquiridos na extensão teve uma associação positiva e significativa com o nível de conhecimentos. A idade e a experiência agrícola estabeleceram uma associação negativa e significativa com o nível de conhecimentos dos inquiridos sobre a tecnologia de cultivo da grama verde.

Naik *et al.* (2016) revelaram que, no caso dos produtores de raízes e tubérculos, caraterísticas como a idade (r = 0,099) e a posse de materiais (r = 0,122) estavam positiva e significativamente correlacionadas com o nível de conhecimentos. As caraterísticas como a experiência agrícola (r = 0,204), a participação social (r = 0,250) e a exposição aos meios de comunicação social (r = 0,201) foram positiva e significativamente correlacionadas com o nível de conhecimentos. A educação (r = 0,736), o tamanho da propriedade (r = 0,299), o rendimento anual (r = 0,535), o contacto com a extensão (r = 0,491) e a participação na extensão (r = 0,344) foram positivos e altamente significativos para o nível de conhecimentos.

2.5   **Relação entre o perfil do inquirido e a sua adoção de conhecimentos científicos cultivo de algodão Bt**

Pandya *et al.* (2014) revelaram que as variáveis independentes, nomeadamente a educação, a participação social, a orientação científica, a preferência pelo risco, a motivação económica e os conhecimentos, estavam positiva e significativamente relacionadas com o grau de adoção da tecnologia científica de cultivo da tamareira pelos agricultores, com um nível de significância de 0,01. As restantes variáveis, nomeadamente a idade, a experiência na cultura da tamareira, o tipo de família, a dimensão da família, a dimensão da propriedade, a ocupação e o rendimento anual, não estabeleceram qualquer relação significativa com o grau de adoção da tecnologia científica de cultivo da tamareira pelos agricultores.

Patel *et al.* (2015) revelaram que, de dez variáveis, apenas quatro variáveis, ou seja, experiência agrícola, propriedade da terra, método de irrigação e participação social, foram consideradas não significativas para a adoção da tecnologia de vermicomposto. Das restantes dez variáveis independentes, apenas uma variável, a idade, foi considerada significativa mas negativamente correlacionada com a adoção da tecnologia de vermicomposto. Por outro lado, outras cinco variáveis independentes, nomeadamente, educação, rendimento anual, dimensão do rebanho, participação na extensão e conhecimentos, foram consideradas significativa e positivamente relacionadas com a adoção da tecnologia de vermicomposto. Assim, pode concluir-se que a educação, a participação na extensão e o conhecimento sobre a vermicompostagem foram as variáveis importantes para a adoção da tecnologia de vermicompostagem.

Mistry *et al.* (2015) revelaram que as variáveis *viz;* educação, participação social, renda anual, ocupação, posse de terra e tamanho do rebanho mostraram associação positiva e significativa com a adoção dos entrevistados em relação à tecnologia de cultivo de grama verde. O tamanho da família dos entrevistados mostrou associação negativa e não significativa com a adoção. A participação dos inquiridos na extensão não teve qualquer associação com o nível de adoção. A idade e a experiência agrícola estabeleceram uma associação negativa e significativa com o nível de adoção dos inquiridos relativamente à tecnologia de cultivo da grama verde.

Gohil *et al.* (2016) descobriram que a idade e o índice de experiência agrícola estavam negativa e significativamente associados ao nível de adoção dos produtores de algodão no que diz respeito às práticas de gestão de crises. A relação foi altamente significativa. As caraterísticas como educação, participação social, nível de rendimento, orientação para a gestão, inovação, orientação para o risco, participação na extensão e conhecimento tiveram uma relação positiva e altamente significativa com o nível de adoção dos produtores de algodão no que diz respeito às práticas de gestão de crises. A associação não significativa do nível de adoção dos produtores de algodão foi observada no caso da dimensão da propriedade, do índice de irrigação e da intensidade da cultura.

2.6   **Constrangimentos à produção e sugestões dos produtores de raízes e tubérculos**

2.6.1   **Restrições**

Patel *et al.* (2013) revelaram que as despesas de produção mais elevadas (84,00 por cento), os preços mais elevados dos materiais fitossanitários (63,10 por cento), a falta de informação sobre variedades de alto rendimento (60,40 por cento), a falta de crédito para satisfazer a necessidade de custos variáveis mais elevados (58,00 por cento) e a indisponibilidade de mão de obra como e quando necessário (58,37 por cento) foram os principais constrangimentos encontrados pelos agricultores que cultivam tomate. Também foi revelado que a maioria dos produtores de brinjal enfrentava os preços mais elevados dos pesticidas (70,10%). O segundo maior problema foi o aumento das despesas de produção (68,40%). Além disso, os produtores também enfrentaram problemas como a falta de proteção fitossanitária (65,00 por cento).

Aglawe *et al.* (2014) revelaram que cerca de (82,50 por cento) dos inquiridos enfrentaram constrangimentos de maior flutuação no preço de mercado, seguido de menos conhecimento técnico sobre o tratamento de sementes (78,33 por cento), indisponibilidade do fertilizante necessário e também falta de conhecimento sobre a dose adequada de fertilizante (70.83 por cento), indisponibilidade de mão de obra na altura da sementeira e da colheita (68,33 por cento), encargos mais elevados cobrados pelo comissionista (64,16 por cento), falta de conhecimentos sobre a gestão de pragas (63,33 por cento), falta de conhecimentos sobre a gestão de doenças (66,66 por cento), falta de disponibilidade atempada de crédito (40,00 por cento), falta de conhecimento sobre a variedade melhorada (39,16 por cento).

Patel and Vyas (2015) found that majority of small scale horticultural nursery growers faced constraints of non-availability of labours (90.00 per cent) as I ranked, high cost of labours (86.00 per cent) ranked II, irregular supply of electricity (76.00 per cent) ranked III, irregular supply of irrigation (68.00 per cent) ranked IV, lack of knowledge about plant protection (60.00 por cento), na posição V, o custo elevado dos factores de produção (54,00 por cento), na posição VI, a indisponibilidade de material de plantação em tempo útil (50,00 por cento), na posição VII, o custo elevado do transporte (48,00 por cento), na posição VIII, a falta de aconselhamento técnico atempado (37,00 por cento), na posição IX, e a indisponibilidade de crédito atempado (22,00 por cento), na posição X.

Muttalageri M. (2015) revelou que todos os inquiridos tinham manifestado o problema da falta de literatura ou de um pacote de práticas sobre a produção de legumes biológicos, seguido de um baixo rendimento comparativamente ao cultivo convencional (96,66%). A maioria dos produtores de vegetais orgânicos notou que a falta de apoio das agências governamentais e outros departamentos relevantes na fazenda de subsídios e assistência financeira (92,50 por cento). Os inquiridos referiram a falta de apoio à investigação no que respeita à racionalidade científica das práticas (85,33%) e a maior incidência de pragas e doenças (69,16%). Do mesmo modo, os inquiridos manifestaram a indisponibilidade de uma quantidade suficiente de insumos orgânicos (60,00 por cento) e um fornecimento de energia limitado e irregular (53,33 por cento). Mais de 40,00 por cento dos agricultores assinalaram a morosidade do processo de certificação biológica e o seu elevado custo, o fornecimento limitado e irregular de energia eléctrica e a falta de literatura na língua local. Poucos dos inquiridos expressaram o problema da indisponibilidade de mão de obra (35,83%), da insuficiência de água para irrigação (26,66%) e da redução drástica da população bovina (14,16%).

Patel and Vyas (2015) found that prices of inputs should be minimized (89.00 per cent) ranked

I, good and healthy planting material should be provided at proper time (80.00 per cent) ranked II, sufficient electric power should be available for long time (65.00 per cent) ranked III, sufficient irrigation water should be available at proper time (54.00 per cent) ranked IV, sufficient knowledge should be provided regarding plant protection (48.00 por cento); V, os agricultores devem receber aconselhamento técnico atempado (43,00 por cento); VI, os agricultores devem receber formação sobre novas tecnologias (41,00 por cento); VII, os agricultores devem receber orientação para adoptarem práticas de cultivo adequadas (21,00 por cento); VIII, os responsáveis pela horticultura devem visitar as explorações regularmente e em tempo útil (18,00 por cento); IX, é necessária uma mecanização agrícola de baixo custo (15,00 por cento); X.

Prajapati *et al.* (2016) revelaram que as principais restrições importantes percebidas pelos produtores de hortaliças na compra de agroquímicos foram o alto preço dos agroquímicos (85,33%), a falta de conhecimento técnico (84,00%), a má qualidade dos agroquímicos (73,67%), a falta de treinamento (71,33%) e a falta de financiamento (43,33%).33 por cento) e falta de financiamento (43,33 por cento). Os constrangimentos menos importantes enfrentados pelos agricultores foram o efeito residual (6,67 por cento) e a falta de disponibilidade atempada (5,33 por cento).

Gohil *et al.* (2016) descobriram que a idade e o índice de experiência agrícola estavam negativa e significativamente associados ao nível de adoção dos produtores de algodão no que diz respeito às práticas de gestão de crises. A relação foi altamente significativa. As caraterísticas como educação, participação social, nível de rendimento, orientação para a gestão, inovação, orientação para o risco, participação na extensão e conhecimento tiveram uma relação positiva e altamente significativa com o nível de adoção dos produtores de algodão no que diz respeito às práticas de gestão de crises. A associação não significativa do nível de adoção dos produtores de algodão foi observada no caso da dimensão da propriedade, do índice de irrigação e da intensidade da cultura.

Deshmukh *et al.* (2013) referiram que a maioria das mulheres membros do Gram Panchayat (99,07%) expressou que os constrangimentos mais importantes eram a predominância de membros masculinos da família no processo de decisão, seguidos dos constrangimentos opostos pelos membros da família para realizar o trabalho do Gram Panchayat, que ocupavam o segundo lugar com 98,14%. Os outros problemas expressos foram a falta de tempo para participar no trabalho do Gram Panchayat (97,23%), a não cooperação dos membros do Gram Panchayat (96,30%), o facto de os membros do Gram Panchayat (93,51%) não obedecerem às instruções dadas, o facto de as mulheres (92,60%) terem menos importância no Gram Panchayat, o facto de as mulheres do Gram Panchayat (91,67%) não participarem no Gram Panchayat e o facto de as mulheres do Gram Panchayat não participarem no Gram Panchayat (91,67%).67%) não participam nas actividades do Gram Panchayat devido à falta de confiança, ao baixo rendimento do Gram Panchayat (87,03%), ao desinteresse pelo trabalho do Gram Panchayat (81,48%), à indisponibilidade de fundos de desenvolvimento a tempo (73,15%), ao castismo (71,30%), à falta de tecnologias da informação (56,48%), à falta de formação (49,07%), à falta de alfabetização (46,30%).

Kumar e Patel (2015) referiram que o principal constrangimento enfrentado por todos os agricultores era o elevado preço das sementes, enquanto os outros constrangimentos importantes, *nomeadamente a* forte infeção de pragas sugadoras, o crescimento vegetativo inadequado e a inadequação para a monção, uma vez que os ramos se quebram com a chuva, foram enfrentados por 62,50, 53,12 e 50,00 por cento dos produtores de algodão Bt, respetivamente. O constrangimento que ficou em último lugar foi a dificuldade no controlo de ervas daninhas, que foi experimentada por 38,75% dos inquiridos.

Singh et al. (2015) indicaram que o preço elevado da mistura de concentrados foi o principal constrangimento enfrentado pela maioria dos agricultores (84,40%), seguido por 82,20% dos agricultores que enfrentaram o preço não remunerador do leite, a escassez de rações e forragens enfrentada por 66,60%, a não disponibilidade de insumos para a produção e enriquecimento de forragens verdes enfrentada por 40,00% e a não disponibilidade de concentrados e mistura mineral nas aldeias enfrentada por 35,50% dos agricultores.

2.6.2 Sugestões

Jani *et al.* (2014) revelaram que quase dois terços (65,00 por cento) dos entrevistados sugeriram que a informação baseada no uso da irrigação por gotejamento em diferentes culturas deve ser dada no artigo como amendoim, cana-de-açúcar e coco, mais de três quintos (61,66 por cento) dos entrevistados sugeriram que a informação sobre a manutenção da irrigação por gotejamento em água salina deve ser dada no artigo e mais da metade (53,33 por cento) dos entrevistados sugeriram que a informação sobre a comercialização dos produtos agrícolas deve ser dada no artigo. Estas foram as sugestões mais importantes oferecidas pelos agricultores subscritores do JFM para o tema do artigo para uma demanda específica. Enquanto que as sugestões menos importantes recomendadas pelos inquiridos, a saber, 43,33% dos inquiridos sugeriram que a informação sobre insumos subsidiados para produtos agrícolas deveria ser dada no artigo e quase um terço (31,66%) dos inquiridos sugeriu que fotografias coloridas relacionadas com a respectiva tecnologia deveriam ser dadas no artigo. Assim, pode ser inferido que a informação sobre o uso da irrigação por gotejamento e sua manutenção, marketing, aspectos económicos e fotografias devem ser dadas nos artigos.

Maheriya *et al.* (2014) revelaram que os preços de mercado remuneradores do arroz devem ser fornecidos aos agricultores (91,67%), os agricultores devem ser protegidos por um esquema de seguro de colheitas em caso de falha da temporada (87,50%), o preço mínimo de apoio do arroz deve ser declarado com bastante antecedência pelo governo (83,33%), o sistema de extensão deve ser simplificado para disseminar a tecnologia agrícola (73,33%), orientação técnica adequada deve ser dada aos agricultores como e quando eles precisam (68.33 por cento), deve ser dada formação sobre novas tecnologias de cultivo aos agricultores (65,00 por cento), devem ser criados centros de informação agrícola a nível das aldeias (62,50 por cento), devem ser disponibilizados serviços de consultoria agrícola aos agricultores a nível das aldeias (58,33 por cento), devem ser disponibilizados os insumos agrícolas necessários a nível das aldeias (56,66 por cento), deve ser fornecido atempadamente água dos canais (54,16 por cento) e a eletricidade deve ser fornecida regularmente (50,00 por cento).

Makwan *et al.* (2014) revelaram que 68,33% dos produtores de arroz sugeriram que deveriam ser feitos esforços para minimizar o custo dos factores de produção, seguidos de um preço de apoio razoável do arroz (66,67%), energia eléctrica e fertilizantes suficientes e atempados (63.33 por cento), deve ser ministrada formação sobre novas tecnologias e medidas de proteção das plantas (61,67 por cento), deve ser fornecida energia eléctrica e água do canal suficientes na altura do cultivo do arroz (57,50 por cento) e deve ser desenvolvida tecnologia de mecanização para reduzir os problemas de mão de obra (49,17 por cento).

Aglawe *et al.* (2014) revelaram que a maioria (92,50%) dos inquiridos sugeriu que deveria haver um preço mínimo de apoio para o algodão Bt, que as instalações de mercado deveriam ser fornecidas pelo governo (90,83%), que o controlo do intermediário e do comissionista deveria ser feito através da adoção de medidas de controlo de regras e regulamentos (86,60%), e que 85.00 por cento dos inquiridos sugeriram que as instituições financeiras próximas da localidade disponibilizassem facilidades de crédito suficientes e atempadas, enquanto que, para o conhecimento técnico da tecnologia pós-colheita do algodão Bt, a formação deveria ser ministrada por uma fonte adequada (universidade agrícola, departamento agrícola, KVK) (84,16 por cento), 81,66 por cento dos inquiridos sugeriram que o produto químico para o tratamento de sementes (Quinolphos) deveria ser disponibilizado a preços razoáveis. Cerca de 58,30% dos inquiridos sugeriram que deveriam ser disponibilizados biopesticidas e fungicidas.

Hingonekar (2011) tinha percebido a sugestão, os agricultores progressistas e cosmopolitas que têm condições económicas sólidas devem participar no comité de gestão para melhorar ainda mais este projeto.

Kumar e Patel (2015) revelaram que todos os inquiridos sugeriram o desenvolvimento de uma variedade resistente a pragas sugadoras e que as sementes deveriam estar disponíveis a tempo e a baixo custo, o que foi dado por 93,75% dos inquiridos. Outras sugestões foram: "O gene Bt deve ser incorporado na variedade desi". "Deve ser desenvolvida uma variedade que seja adequada a todos os tipos de solo" e "O Governo deve dar formação aos agricultores", que foram dadas por 62,50, 50,00 e 48,75 por cento dos produtores de algodão Bt, respetivamente.

Jawale e Ghulghule (2015) relataram que cerca de 98,33% dos produtores de manga kesar sugeriram o fornecimento de eletricidade a tempo. O governo estadual deve fornecer dinheiro de margem no momento do estabelecimento com juros mínimos e o departamento estadual de agricultura deve fornecer as instalações de irrigação por gotejamento a um custo menor foram sugeridos por 93,33% dos produtores de manga kesar. A maioria dos agricultores sugeriu a mecanização na fazenda (91,67%), seguida pelo fornecimento de câmaras frigoríficas perto da área de produção (90,00%). A disponibilização de viveiros para material de plantação melhorado foi sugerida por 75,00%. Alguns dos agricultores (68,33%) também sugeriram a disponibilização de um programa de formação para o controlo de pragas e doenças e 46,67% sugeriram a adoção efectiva de um sistema de formação a nível do campo

CAPÍTULO - III

METODOLOGIA DE INVESTIGAÇÃO

Neste capítulo, a tipologia geral e a descrição dos métodos e procedimentos de investigação adoptados no presente inquérito são explicados nas seguintes rubricas principais.

3.1	Conceção da investigação
3.2	Seleção do distrito
3.3	Breve descrição da área de estudo
3.4	Seleção de talukas
3.5	Seleção das aldeias
3.6	Seleção dos inquiridos
3.7	Variáveis do estudo
3.8	Medição da variável independente e das variáveis dependentes
3.9	Medição da relação, restrições e sugestões
3.10	Recolha de dados
3.11	Instrumentos estatísticos utilizados

3.1   CONCEPÇÃO DA INVESTIGAÇÃO

O "desenho ex-post facto" foi utilizado no presente inquérito, uma vez que os acontecimentos já ocorreram e o desenho foi considerado adequado. De acordo com Robinson (1976), uma conceção ex-post-facto é um inquérito empírico sistemático em que as variáveis independentes não foram diretamente geridas porque já ocorreram ou porque não são inerentemente geríveis. Além disso, afirmou que os estudos ex-post-facto se baseiam em teorias dedutivas e com fenómenos comportamentais identificados em condições exploradas sob as quais um fenómeno ocorre.

3.2   SELECÇÃO DO DISTRITO

O estudo foi realizado no distrito de Bharuch, no estado de Gujarat, durante o ano de 2017-2018. O distrito de Bharuch foi selecionado propositadamente para o estudo porque a Universidade Agrícola de Navsari está situada perto de Bharuch e, como estudante, era conveniente e viável para mim realizar a investigação com restrições de tempo e recursos.

3.3   BREVE DESCRIÇÃO DA ÁREA DE ESTUDO - Sobre o distrito de Bharuch

O distrito de Bharuch é um dos 25 distritos do estado de Gujarat, na Índia. O distrito de Bharuch é um dos 25 distritos do estado de Gujarat, na Índia. A sede administrativa do distrito de Bharuch é Bharuch. Situa-se a 201 km a norte da capital do Estado, Gandhinagar. A população do distrito de Bharuch é de 1550822. É o 18º maior distrito do Estado em termos de população. É uma cidade situada na foz do rio Narmada, em Gujarat, no oeste da Índia. Bharuch é a sede administrativa do distrito de Bharuch e é um município com cerca de 1.551.019 habitantes. Sendo uma das maiores zonas industriais, incluindo Ankleshwar GIDC, é por vezes referida como a capital química da Índia. A sede administrativa do distrito de Bharuch é Bharuch. Situa-se a 213,2 km a norte da capital do Estado, Gandhinagar.

Geografia e clima Distrito de Bharuch

Bharuch está situada a 21,7°N 72,97°E.[12] Tem uma altitude média de 15 metros (49 pés). Bharuch é uma cidade portuária situada nas margens do rio Narmada. O represamento do Narmada provocou o encerramento das instalações portuárias originais; o porto mais próximo situa-se atualmente em Dahej. O distrito de Bharuch está rodeado pelos distritos de Vadodara (Norte), Narmada (Leste) e Surat (Sul). A oeste, encontra-se o Golfo de Khambhat.

Clima do distrito de Bharuch

Bharuch tem um clima tropical de savana (segundo a classificação climática de Koppen), fortemente moderado pelo Mar Arábico. O verão começa no início de março e prolonga-se até junho. abril e maio são os meses mais quentes, sendo a temperatura máxima média de 40 °C (104 °F). A monção começa no final de junho e a aldeia recebe cerca de 800 milímetros de chuva até ao final de setembro, sendo a temperatura máxima média de 32 °C durante esses meses. Em outubro e novembro, assiste-se ao recuo da monção e ao regresso das temperaturas elevadas até finais de novembro. O inverno começa em dezembro e termina no final de fevereiro, com temperaturas médias de cerca de 23 °C (73 °F).

Muitas vezes, as fortes chuvas de monção provocam inundações na zona da bacia de Narmada. No passado, a aldeia assistiu a grandes inundações, mas agora as cheias foram controladas após o represamento do Narmada.

Dados demográficos" do distrito de Bharuch

Gujarati é a língua local aqui. Também se fala hindi. O distrito de Bharuch está dividido em 8 Talukas, 634 Panchayats, 894 aldeias. Hansot Taluka é o Taluka mais pequeno em termos de população, com 68782 habitantes. Bharuch Taluka é o maior Taluka em população, com 383746 habitantes Em 2011, Bharuch tinha uma população de 1 551 019 habitantes, dos quais 805 707 homens e 745 312 mulheres, respetivamente. No recenseamento de 2001, Bharuch tinha uma população de 1 370 656 habitantes, dos quais 713 676 eram do sexo masculino e os restantes 656 980 do sexo feminino.

Censo 2011 do distrito de Bharuch

A população total do distrito de Bharuch é de 1550822, de acordo com o censo de 2011. Os homens são 806041 e as mulheres são 744781. As pessoas alfabetizadas são 1026024 no total. É o 18° maior distrito do estado em termos de população. Mas o maior distrito do estado por área. 319° maior distrito do país em população. 8° maior distrito do Estado por taxa de alfabetização. 110° Distrito mais elevado do país por taxa de alfabetização. A sua taxa de alfabetização é de 83,03 Nos detalhes oficiais dos Censos 2011 de Bharuch, um distrito de Gujarat, foram divulgados pela Direção das Operações Censitárias em Gujarat. A enumeração de pessoas-chave também foi efectuada pelos funcionários dos censos no distrito de Bharuch, em Gujarat.

Em 2011, Bharuch tinha uma população de 1 551 019 habitantes, dos quais 805 707 homens e 745 312 mulheres, respetivamente. No censo de 2001, Bharuch tinha uma população de 1 370 656 habitantes, dos quais 713 676 eram homens e os restantes 656 980 eram mulheres. A população do distrito de

Bharuch constituía 2,57% da população total de Maharashtra. No recenseamento de 2001, este valor para o distrito de Bharuch era de 2,71% da população de Maharashtra

Oportunidades agrícolas e industriais no distrito de Bharuch

O distrito de Bharuch está situado na parte sul da península de Gujarat, na costa ocidental do estado de Gujarat. O rio Narmada desemboca no golfo de Khambat através das suas terras e essa artéria marítima dava acesso ao interior dos reinos e impérios situados nas partes central e setentrional do subcontinente indiano. Tem 8 talukas, das quais Bharuch, Ankleshwar, Jambusar, Jagadia, Valiya, Vagra, Amod e Hasot, o distrito é rico em canaviais, culturas de algodão, plantações de bananas, ervilhas e mangueiras.

Bharuch é conhecida pelas suas actividades de floricultura e pelo negócio do açúcar. Os principais sectores do distrito são as indústrias agro-alimentares, os têxteis, os medicamentos e produtos farmacêuticos, as indústrias relacionadas com os minerais e as indústrias marítimas. O famoso local histórico de Kabirvad e a Ponte Dourada situam-se em Bharuch.

Fig. 1: Mapa do distrito de Bharuch mostrando a área de estudo

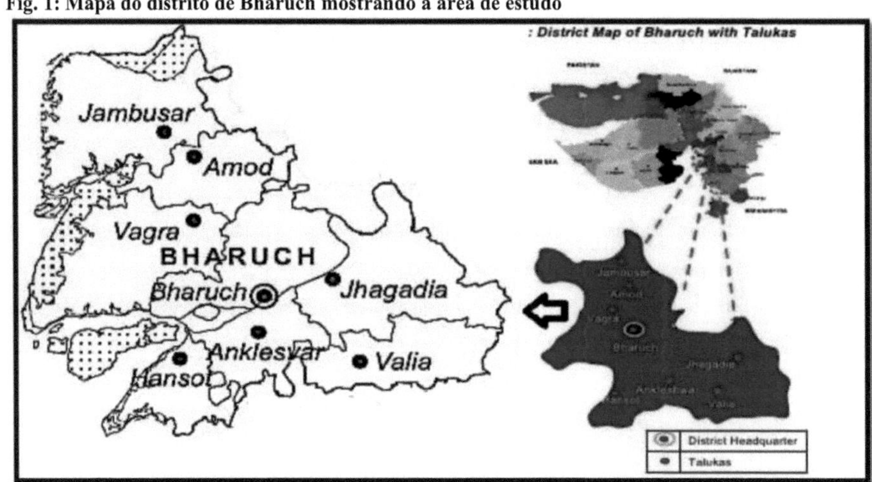

3.4 SELECÇÃO DE TALUKAS

No distrito de Bharuch, existem oito talukas: Bharuch, Ankleshwar, Amod, Jambusar, Valiya, Jagadiya, Vagra e Hasot. A lista de talukas foi recolhida junto do panchayat do distrito com o maior número de produtores de algodão. Destas, Bharuch, Amod e Jambusar foram selecionadas aleatoriamente para o presente estudo.

3.5 ALDEIAS DE SELECÇÃO

Foi recolhida uma lista de aldeias do taluka panchayat com um número máximo de produtores de curcuma. Foram selecionadas aleatoriamente três aldeias da lista de cada taluka. As aldeias selecionadas foram Nikora, Angareshwae e Zanor da taluka de Bharuch, Sarbhan, Keshlu e Kulchan da taluka de Amod e Mangnad, Karmad e Limbaj da taluka de Jambusar. Assim, foram selecionadas ao todo 9 aldeias para o estudo.

3.6 SELECÇÃO DOS INQUIRIDOS

A lista dos agricultores de cada uma das nove aldeias selecionadas foi obtida junto do taluka panchayat. Assim, o tamanho total da amostra constituiu 90 inquiridos, utilizando o método de amostragem aleatória.

A tabela no. 1 que mostra a seleção dos inquiridos

Name of District	Selected Talukas	Selected Villages	Size of sample
BHARUCH	Bharuch	Nikora	10
		Angareshwar	10
		Zanor	10
	Amod	Sarbhan	10
		Keshlu	10
		Kulchan	10
	Jambusar	Mangnad	10
		Karmad	10
		Limbaj	10
Total	3	9	90

3.7 VARIÁVEIS PARA O ESTUDO

As variáveis dependentes e independentes para o estudo foram selecionadas com base na literatura disponível e na opinião dos peritos na área da extensão. Foi elaborado um questionário, com a ajuda de peritos, para complementar os dados que poderiam não estar disponíveis nas análises.

As variáveis selecionadas para o estudo, juntamente com a sua medição empírica, são apresentadas no quadro seguinte.

Quadro 2: Variáveis selecionadas para o estudo e respectiva medida empírica

Sr. No.	Variables	Measuring tools/techniques
A.	**Independent variables**	
1.	Age	Chronological age of the respondents
2.	Education	Scale developed by Pandya (2010) was used with modification
3.	Land holding	
4.	Social participation	
5.	Annual income	
6.	Extension contact	Scale used by Patil (1994) was used
7.	Farming experience	Scale developed by Silvakumar, B. (1988)
8.	Scientific orientation	Scale developed by Supe (1969) will be used with due modifications
9.	Mass media exposure	Scale developed by Nirban (2004) was used
B	**Dependent variable**	

3.8   Medição da variável independente e das variáveis dependentes

1.	Knowledge	Structured interview schedule was developed and used
2.	Adoption	Structured interview schedule was developed and used

3.8.1   Métodos utilizados para a medição de variáveis independentes

Características pessoais, socioeconómicas e psicológicas

3.8.1.1   Idade

Refere-se à idade cronológica do agricultor inquirido, em anos completos, à data de altura do inquérito. Os inquiridos foram ainda agrupados em três categorias, como se pode ver no quadro seguinte.

Sr.	Age groups	Categories	Weight age
1.	Young age	18 to 35 years	1
2.	Middle age	36 to 50 years	2
3.	Old age	More than 50 years	3

3.8.1.2   Educação

Os inquiridos foram categorizados em sete categorias e as suas frequências e foram apuradas as percentagens. Seguiu-se o padrão de pontuação de acordo com Pandya (2010), com ligeiras modificações

Sr.	Level of education	Categories	Weight age
1.	Primary education	Up to 7th std.	1
2.	Secondary education	8th to 12th std.	2
3.	College and above education	Graduation or post-graduation	3

As pontuações máxima e mínima obtidas foram 3 e 1, respetivamente.

3.8.1.3 Exploração fundiária

Esta variável foi operacionalizada como o número de acres de terra possuídos e utilizados porpara a sua subsistência. Trata-se de uma variável importante que determina o estatuto económico e social de um indivíduo. A posse de terra foi medida com uma escala desenvolvida por Pandya (2011).

Sr.	Land holding Categories	Weight age
1	Up to 2.00	1
2	2.01 to 5.00	2
3	Above 5.00	3

3.8.1.4 Participação social

A participação social foi operacionalizada como o grau de envolvimento dos beneficiários em número de organizações sociais. Foi medida com a ajuda da escala desenvolvida por Pandya (2011) com as devidas modificações.

Sr.	Level of Social participation	Weight age
1.	No membership	0
2.	Membership in one organization	1
3.	Membership in more than one organization	2
4	Holding position in organization	3

3.8.1.5 Rendimento anual

O rendimento anual inclui o montante de dinheiro ganho durante o ano, proveniente de actividades de trabalho e de lazer.

Os membros da família têm acesso a fontes de rendimento agrícola. A posição económica sólida e a sua utilização em actividades polivalentes de desenvolvimento da família/sociedade só são possíveis quando o dinheiro está disponível. De acordo com o nível de rendimento anual total dos membros, as famílias agrupam-se em três categorias.

Sr.	Annual income groups	Categories	Weight age
1.	Low annual income	Up to 50,000/-	1
2.	Medium annual income	50,001 to 1,00,000/-	2
3.	High annual income	Above 1,00,001/-	3

3.8.1.6 Contacto de extensão

É operacionalizado como a frequência de contactos dos inquiridos com a extensão

O objetivo é obter orientações sobre questões relacionadas com a agricultura em geral. Para medir esta variável, foi utilizado o procedimento seguido por Patil (1994). Assim, foram enumerados sete funcionários da extensão, tendo sido utilizado o procedimento de pontuação para "Duas vezes ou mais por semana"-5, "Uma vez por semana"-4, "Uma vez por noite forte"-3, "Uma vez por mês"-2, "sempre que ocorre um problema"-1 e para "nenhum contacto"-0 foi atribuída uma pontuação. As pontuações de todos os extensionistas contactados são somadas para se obter a pontuação total dos contactos com os extensionistas. Com base na pontuação total obtida pelo jovem agricultor inquirido, foram agrupados em três categorias, nomeadamente 'baixo', 'médio' e 'alto', com a ajuda da média e do desvio padrão.

Sr. No.	Category	Score
1	Low	Less than (Mean − 0.425 SD)
2	Medium	Between (Mean ± 0.425 SD)
3	High	More than (Mean + 0.425 SD)

3.8.1.8 Experiência agrícola

A experiência agrícola refere-se aos anos passados pelos agricultores inquiridos na agricultura, bem como nas empresas com ela relacionadas. Os dados relativos a este aspeto foram recolhidos e foram atribuídas pontuações de acordo com a escala desenvolvida por Silvakumar (1988), com algumas modificações. Foi atribuída uma pontuação de 1 a cada ano de experiência de um indivíduo na atividade agrícola. A pontuação obtida por um indivíduo foi somada e, com base na pontuação, foram agrupados em três categorias, utilizando a média e o desvio padrão.

Sr. No.	Level of farming experience-Categories	Class range
1	Low level of farming experience	Up to 5 years
2	Medium level of farming experience	6 to 15 years
3	Higher level of farming experience	Above15 years

3.8.1.9 Orientação científica

A escala foi construída para medir o grau em que os agricultores estão orientados para a utilização de métodos científicos na agricultura. Foi desenvolvida por Supe (1969) e adoptada com as devidas modificações. A escala contém seis afirmações.

As respostas foram medidas em três pontos contínuos: concordo fortemente, concordo e concordo menos, com a pontuação de 3, 2 e 1 para as afirmações positivas e o inverso no caso das afirmações negativas. Para esta variável, a pontuação máxima foi de 18 e a mínima de 6. Os beneficiários foram agrupados em três categorias com base na média e no desvio-padrão para a orientação científica, como indicado a seguir. Posteriormente, os mesmos dados foram utilizados para determinar as correlações com as variáveis dependentes.

Sr.	Level of scientific orientation	Categories
1.	Lower scientific orientation	Up to 11 score
2.	Moderate scientific orientation	11 to 15 score
3.	Higher scientific orientation	Above 15 score

3.8.1.10 Exposição aos meios de comunicação social

A exposição aos meios de comunicação social refere-se à exposição dos agricultores inquiridos aos meios de comunicação social, nomeadamente: rádio, televisão, Internet, jornal, revista agrícola, centro de atendimento Kisan e publicação de extensão. Para medir esta variável, foi utilizada a escala desenvolvida por Nirban (2004), tendo sido atribuídas pontuações aos inquiridos por terem recebido conhecimentos sobre a agricultura e empresas afins de cada um dos meios de comunicação social selecionados. Foi atribuída a pontuação de 2 para sempre, 1 para às vezes e 0 para nunca. Assim, a pontuação cumulativa é obtida através da soma das pontuações dos inquiridos para todos os meios de comunicação social enumerados no calendário. Com base na pontuação total obtida pelos inquiridos, estes foram agrupados em três categorias, nomeadamente "baixo", "médio" e "elevado", com a ajuda da média e do desvio-padrão.

Sr.No	Category	Score
1	Low	Less than (Mean $-$ SD)
2	Medium	Between (Mean $\pm$ SD)
3	High	More than (Mean $+$ SD)

3.8.2 Medição da variável dependente

3.8.2.1 Nível de conhecimentos

O conhecimento pode ser entendido como a informação detida por um indivíduo. Os conhecimentos dos agricultores sobre o cultivo científico da curcuma foram medidos através de várias perguntas relacionadas com a preparação do terreno, o espaçamento, as práticas de gestão e as operações interculturais, etc.

Sr.	Level of knowledge about recommended practices	Class range
Sr.	Overall level of knowledge	
1.	Low level of knowledge	Mean- Standard deviation
2.	Medium level of knowledge	Mean± Standard deviation
3.	High level of knowledge	Mean+ Standard deviation

Foi preparado um conjunto de vinte e três perguntas com base em revisões de investigação e após consulta de peritos em horticultura. A resposta a cada afirmação incluída em cada prática foi obtida em três níveis contínuos: não sabe, sabe parcialmente e sabe totalmente, utilizando perguntas do tipo verdadeiro/falso com uma ponderação de 0, 1 e 2, respetivamente. A pontuação total possível para o conhecimento era de 0 a 46. Além disso, seguiu-se o mesmo procedimento para obter as três categorias de conhecimentos gerais.

Posteriormente, a mesma pontuação foi utilizada para determinar a correlação com as variáveis dependentes.

3.8 .2.2 Grau de adoção

Rogers (1962) afirmou que a adoção é uma decisão de continuar a utilizar plenamente uma inovação. O processo de adoção é um processo mental através do qual um indivíduo passa da primeira vez que ouve falar de uma inovação para a sua adoção final.

Sr.	Level of adoption about recommended practices	Class range
Sr.	Overall level of adoption	
1.	Low level of adoption	Mean- Standard deviation
2.	Medium level of adoption	Mean± Standard deviation
3.	High level of adoption	Mean+ Standard deviation

Foi preparado um conjunto de vinte e três perguntas com base em revisões de investigação e após consulta de peritos em horticultura. A resposta a cada afirmação incluída em cada prática foi obtida em três níveis contínuos: não sabe, sabe parcialmente e sabe totalmente, utilizando perguntas do tipo verdadeiro/falso com uma ponderação de 0, 1 e 2, respetivamente. A pontuação total possível para a adoção era de 0 a 46. Além disso, seguiu-se o mesmo procedimento para obter as três categorias de adoção global. Posteriormente, a mesma pontuação foi utilizada para determinar a correlação com as variáveis dependentes.

3.9.1 Relação entre variáveis independentes e dependentes

A palavra variável é auto-explicativa quanto ao seu comportamento variável. Os diferentes investigadores observaram que, por natureza, um indivíduo se comporta de forma diferente numa mesma situação e que, além disso, as variáveis independentes podem ter influência nas variáveis dependentes. Tendo em conta este facto, procurou-se também descobrir a associação entre as variáveis independentes e dependentes selecionadas. A relação foi estabelecida utilizando o coeficiente de correlação (r).

3.9.2 Medição dos constrangimentos e sugestões

Os condicionalismos referem-se às dificuldades enfrentadas pelos agricultores no cultivo da curcuma. Foi pedido aos inquiridos que mencionassem os constrangimentos. As opiniões sobre os seus constrangimentos foram somadas e convertidas em frequência e percentagem. Por fim, foi atribuída uma classificação a cada constrangimento.

Tendo em conta os constrangimentos enfrentados pelos produtores de curcuma, foi-lhes pedido que dessem a sua valiosa sugestão/opinião com base na sua experiência para ultrapassar os constrangimentos. As respostas foram somadas e convertidas em frequências e percentagens. Posteriormente, estas foram apresentadas por ordem de classificação.

3.10 RECOLHA DE DADOS

A recolha de dados foi efectuada através do método de entrevista pessoal durante o mês de julho de 2017.

CALENDÁRIO DE ENTREVISTAS

Foi elaborado um esboço do programa de entrevistas, tendo em conta os objectivos estabelecidos para medir as variáveis do estudo, que foi pré-testado com os agricultores inquiridos na área não incluída na amostra. À luz do pré-teste, foram incorporadas as alterações necessárias no formato do item. O formulário final do plano de entrevistas estruturado (Anexo I) foi utilizado para obter as informações necessárias dos inquiridos.

3.11 QUADRO ESTATÍSTICO UTILIZADO PARA A ANÁLISE DOS DADOS

As respostas obtidas para cada um dos itens do programa de entrevistas foram pontuadas e tabuladas numa folha de registo. Os parâmetros estatísticos incluídos foram a frequência, a percentagem, a classificação, a média, o desvio padrão e o coeficiente de correlação. Os parâmetros utilizados são os seguintes

3.11.1 Frequência (f)

O número de vezes que um valor de variante se repete é designado por frequência.

3.11.2 Percentagem (%)

Uma proporção no contexto da centena.

3.11.3 Classificação

Uma ordem de acordo com algumas caraterísticas estatísticas.

3.11.4 Média ($\bar{X}$)

A média é o resultado da soma de todos os itens da série dividida pelo número de itens.
A fórmula é a seguinte.

$$\bar{X} = \frac{\sum xi}{n}$$

Onde,

$\bar{X}$ = Média

Σ = Somatório

xi = Pontuação individual

n = Número total de produtores de açafrão-da-terra.

3.11.5 Desvio padrão (Sd.)

Este valor pode ser obtido através da raiz quadrada da média do desvio quadrático da média.

$$Sd. = \sqrt{\sum_{i=1}^{n} \frac{(xi - \bar{X})^2}{n-1}}$$

Onde,

S.d. = Desvio padrão

Σ = Somatório

Xi = Pontuação individual

$\bar{X}$ = Média

n = Número total de produtores de açafrão-da-terra

3.11.6 Coeficiente de correlação (r)

A associação entre a variável fiável e a variável não fiável, quer positiva quer negativamente, é conhecida como correlação do coeficiente. A fórmula do coeficiente de correlação é a seguinte

$$r = \frac{\Sigma XY}{\sqrt{(\Sigma x^2 (\Sigma y^2)}}$$

Onde,

XY = (X- $\bar{X}$) (Y- $\bar{y}$), soma do produto dos desvios de X e y em relação à sua média

X2 = (X-$\bar{x}$) 2, soma do quadrado do desvio da média ($\bar{X}$)

Y2 = (Y- $\bar{y}$) 2, soma dos quadrados do desvio da média ($\bar{y}$)

CAPÍTULO - IV

RESULTADOS E DISCUSSÃO

Este capítulo trata da apresentação, análise, interpretação e discussão dos dados. A informação pertinente para este estudo foi recolhida junto dos inquiridos através de uma entrevista pessoal com a ajuda de um questionário estruturado. Os dados assim recolhidos foram classificados, tabulados e analisados à luz dos objectivos do estudo de uma forma sistemática. Os factos e as conclusões do estudo foram apresentados nos pontos seguintes e discutidos nas páginas seguintes.

4.1   Perfil pessoal dos produtores de algodão Bt

4.2   Conhecimento dos inquiridos sobre o cultivo científico do algodão Bt

4.3   Grau de adoção da cultura científica do algodão Bt pelos agricultores

4.4   Relação entre o perfil do inquirido e o seu conhecimento sobre o cultivo científico do algodão Bt

4.5   Relação entre o perfil do inquirido e a sua adoção da cultura científica do algodão Bt

4.6   Problemas encontrados pelos agricultores na adoção do pacote de práticas recomendado e sugestões para os ultrapassar.

4.1   **Perfil pessoal dos produtores de algodão Bt**

4.1.1   **Idade**

A idade foi referida ao número de anos completados por um indivíduo no momento da recolha da informação. Os dados relativos a esta questão foram classificados em três categorias. O primeiro grupo era o dos jovens agricultores até aos 35 anos, seguido do grupo dos 36 aos 50 anos médios e, por último, o dos agricultores idosos com mais de 50 anos.

Quadro n.º 3: Distribuição dos agricultores segundo o agente n=90

Sr. No.	Age group	Frequency	Percentage
1	Young(Up to 35 years)	27	30.00
2	Middle(36-50 years)	55	61.12
3	Old(Above 50 years)	8	8.88
	total	**90**	**100**

Os dados indicados no quadro n.º 3 mostram claramente que a maioria dos agricultores (61,12%) se encontrava na faixa etária intermédia, 30,00% na faixa etária jovem e 8,88% na faixa etária idosa.

Os dados mostram claramente que a maioria dos inquiridos (61,12%) pertence à categoria de meia-idade. Os resultados indicam que têm maturidade suficiente e melhor experiência na agricultura. As razões prováveis para este facto são que os agricultores de meia-idade possuem mais vigor físico e podem assumir mais responsabilidades familiares (Fig. 1).

Os resultados acima são consistentes com os resultados de Preethi *et al.* (2013) e Loko *et al.* (2016).

4.1.2 Educação

Supõe-se que o nível educacional de um indivíduo desempenha um papel vital no conhecimento e na adoção do cultivo científico do algodão Bt. Tendo isto em conta, os dados recolhidos sobre a sua educação formal foram classificados em três categorias, *a saber*: (i) ensino primário (até ao 7º ano), (ii) ensino secundário (do 8º ao 12º ano) e (iii) ensino superior (licenciatura ou pós-graduação). Os dados a este respeito são apresentados no quadro 4 (Fig. 2).

Quadro 4: Distribuição dos beneficiários de acordo com o seu nível de educação (n=90)

O quadro 4 mostra que pouco menos de metade dos produtores de algodão Bt (47,77 por cento) tinham o nível de ensino primário e 42,23% pertenciam ao nível de ensino secundário e apenas 10,00 por cento tinham o nível de ensino universitário e superior.

Em geral, a maioria dos produtores de algodão Bt (90,00 por cento) tinha um nível de ensino primário a secundário. É óbvio, a partir dos factos acima referidos, que os beneficiários experimentaram/compreenderam o significado da educação como meio de melhorar o nível de vida geral.

Esta constatação está de acordo com os resultados registados por Saha *et al.* (2010) e Boruah *et al.* (2015).

Sr.	Level of education	Frequency	Percentage
1	Primary level	38	42.23
2	Secondary level	43	47.77
3	College and above level	9	10.00
	Total	90	100.00

(Mean= 1.67) **(SD= 0.65)**

4.1.3 Exploração de terras

A terra é um dos factores de produção, a dimensão da terra pode desempenhar um papel importante na decisão sobre o investimento a fazer, a escala de cada cultura a ser estabelecida e a necessidade de mão de obra.

Quadro n.º 5: Distribuição dos agricultores de acordo com a exploração da terra n=90

Sr. No.	Category	Frequency	Percentage
1	Small land holding (up to 2.00 acers)	5	5.55
2	Medium land holding (2.01 to 5.00 acers)	6	6.67
3	Big land holding(above 5.00 acers)	79	87.78
	total	100	100

(Média =13,21) **(DP=6,46)**

A partir da tabela No.5 acima, é evidente que a maioria dos produtores de algodão Bt (87,78%) tinha grandes propriedades, seguidas por propriedades médias (6,67%) e pequenas (5,55%). As possíveis razões que poderiam ser atribuídas a este facto são que aqueles que tinham a agricultura como principal ocupação da família quase dependiam das suas terras para a sua subsistência (Fig. 3).

4.1. 4Participação social

A participação social indica o nível de envolvimento e a capacidade de decisão de um indivíduo na sua sociedade. Tendo isto em conta, foi estudada a participação social dos inquiridos. Os inquiridos foram agrupados em três categorias, *a saber:* (i) não pertence a nenhuma organização (0 pontos), (ii) pertence a uma organização (1 pontos), (iii) pertence a mais do que uma organização (2 pontos) e (iv) ocupa um cargo numa organização (3 pontos). Os dados a este respeito são apresentados no quadro 6 (Fig. 4).

Quadro 6: Distribuição dos beneficiários de acordo com o seu nível de participação social (n= 100)

Sr.	Level of social participation	Frequency	Percentage
1	No membership	15	16.66
2	Membership in one organization	58	64.45
3	Membership in more than one organization	14	15.55
4	Holding position in organization	03	03.34
	Total	90	100.00

(Mean= 1.05)   (SD= 0.67)

Em geral, a maioria dos produtores de algodão Bt (64,45%) era membro de uma organização. A possível razão para esta conclusão pode ser o facto de cada inquirido ter as suas próprias necessidades de desenvolvimento na sua profissão ou as suas necessidades familiares para obter os benefícios. Esta constatação está em consonância com as relatadas por Saha *et al.* (2010) e Tamboli (2012).

4.1.5 Rendimento anual

Situação económica sólida e sua utilização em actividades polivalentes para o desenvolvimento da família / a sociedade só pode ser possível quando o dinheiro está disponível.

Quadro n.º 7: Distribuição dos agricultores em função do rendimento annual n=90

Sr. No.	Category	Frequency	Percentage
1	Low annual income (up to Rs 50,000/-)	14	15.55
2	Medium annual income(Rs. 50,001 to 1,00,000/-)	22	24.45
3	High annual income (Above Rs. 1,00,000/-)	54	60.00
	Total	90	100

A partir da tabela acima No.7 (Fig-5), é evidente que a maioria dos produtores de algodão Bt (60,00 por cento) pertencia ao rendimento anual mais elevado, seguido de médio (24,45 por cento) e baixo (15,55 por cento).

A razão provável para a maioria dos agricultores pertencer a um nível de rendimento mais elevado. Isto pode dever-se ao facto de a maioria dos agricultores pertencer a explorações agrícolas de maior dimensão e também a um nível de educação mais elevado e de terem qualquer fonte alternativa de rendimento.

4.1.   6Contacto de extensão

A informação sobre as diferentes tecnologias de produção das culturas é tão importante como a que é necessária

insumos para a produção agrícola, para o conseguir é necessário ter um bom contacto com a extensão.

Quadro n° 8: Distribuição dos agricultores de acordo com o contacto com a extensão n=90

Sr. No.	Category	Frequency	Percentage
1	Low extension contact	14	15.55
2	Medium extension contact	61	67.77
3	High extension contact	15	16.68
	total	90	100

(Mean =18.25)   (SD=4.50)

A partir da tabela No.8 acima (Fig-6), é evidente que a maioria dos produtores de algodão Bt (67,77%) teve um contacto médio com a extensão, seguido de alto (16,68%) e baixo (15,55%). Esta situação pode levar as agências de extensão a tomar pequenas medidas para reforçar os extensionistas e a sua capacitação para resolver os problemas dos agricultores.

As conclusões acima referidas estão em consonância com as de Boruah *et al.* (2015).

4.1.8   Experiência agrícola

A partir da tabela abaixo No.9 (Fig-7). é evidente que a maioria dos produtores de algodão Bt (67,77 por cento) tinha uma experiência agrícola média (10-19 anos), seguida de alta (17,79 por cento), ou seja, acima de 18 anos de experiência agrícola e 14,44 por cento dos agricultores tinham uma experiência agrícola até 9 anos.

Quadro n.° 9: Distribuição dos agricultores de acordo com a sua experiência agrícola n=90

Sr. No.	Category	Frequency	Percentage
1	Low (up to 9 years)	13	14.44
2	Medium (10-19 years)	61	67.77
3	High (Above 19 years)	16	17.79
	total	90	100

(Mean =14.25)   (SD=6.24)

A experiência agrícola depende principalmente da idade dos produtores de algodão Bt. A maioria dos agricultores pertencia à categoria de meia-idade e tinha também uma experiência agrícola média.

Assim, a maioria dos inquiridos tinha uma experiência agrícola média. Os resultados acima referidos estão em consonância com os resultados de Dhodia *et al.* (2014)

4.1.9 Orientação científica

A orientação científica é caracterizada como uma crença na ciência e na abordagem científica por parte de um indivíduo para resolver os seus obstáculos regulares e leva-o a adotar as inovações. As informações relativas à orientação científica dos beneficiários foram classificadas em: (i) nível inferior de orientação científica (até 12 pontos), (ii) nível médio de orientação científica (13 a 24 pontos) e (iii) nível superior de orientação científica (acima de 24 pontos). Os dados relativos à orientação científica dos peritos são apresentados no quadro 10 (Fig. 8).

Quadro-10: Distribuição dos agricultores de acordo com o seu nível de orientação científica (n=90)

Sr.	Level of scientific orientation	Frequency	Percentage
1	Lower level of scientific orientation	19	21.11
2	Medium level of scientific orientation	50	55.55
3	Higher level of scientific orientation	21	23.34
	Total	90	100.00

(Mean=18.43)   **(SD= 5.8)**

O quadro 14 mostra que a maioria dos produtores de algodão Bt (55,55%) tinha um nível médio de orientação científica, seguido de 23,34% e 21,11% que tinham um nível inferior e superior de orientação científica, respetivamente. A razão provável para esta conclusão pode ser o facto de a maioria dos produtores de algodão Bt acreditar na ciência e também em Deus ao mesmo nível.

Esta constatação está de acordo com os resultados registados por Rathod *et al.* (2012).

4.1.10 Exposição nos meios de comunicação social

Indica a exposição de um indivíduo a diferentes canais dos meios de comunicação social e o grau de participação nos mesmos, pelo que os dados relativos ao nível de utilização dos meios de comunicação social pelos inquiridos foram recolhidos, tabulados e analisados. Os inquiridos foram categorizados em três grupos, como mostra a tabela 11 (Fig. 9).

Quadro n.º 11: Distribuição dos agricultores de acordo com o nível de exposição aos meios de comunicação social. n=60

Sr.No	Category	Frequency	Percentage
1	Low mass media exposure	11	12.22
2	Medium mass media exposure	68	75.56
3	High mass media exposure	11	12.22
	Total	90	100

(Mean = 8.45)   **(SD=2.17)**

A partir do quadro n.º 10, é evidente que a maioria dos agricultores (75,56%) pertence a uma exposição média aos meios de comunicação social, seguida de uma exposição baixa (12,22%) e alta (12,22%).

4.2 Conhecimento dos inquiridos sobre o cultivo científico do algodão Bt

A partir do quadro n.º 12 (Fig. 10), é evidente que a maioria dos agricultores (74,44%) possui um nível médio de conhecimentos, seguido de um nível baixo (14,44%) e alto (11,12%).

Quadro n.º 12: Distribuição dos agricultores de acordo com os seus conhecimentos sobre o cultivo científico do algodão Bt n=90

Sr. No.	Category	Frequency	Percentage
1	Low knowledge	13	14.44
2	Medium knowledge	67	74.44
3	High knowledge	10	11.12
	Total	90	100

(Mean =12.14)   (SD=3.32)

Os resultados acima referidos estão em consonância com os resultados de Sangeetha *et al.* (2009) e Prajapati *et al.* (2012) no que respeita ao facto de a maioria dos agricultores ter um nível médio de conhecimentos.

4.3 Grau de adoção da cultura científica do algodão Bt pelos agricultores

A partir da tabela abaixo No.13 (Fig-11). é evidente que a maioria dos agricultores (75,56 por cento) pertencia a um nível médio de adoção, seguido de baixo (17,77 por cento) e alto (06,67 por cento).

Os resultados acima referidos estão em conformidade com os resultados de Bhise *et al.* no que diz respeito ao facto de a maioria dos agricultores ter um nível médio de conhecimentos.

Quadro n.º 13: Distribuição dos agricultores de acordo com a sua adoção do cultivo científico do algodão Bt n=90

Sr. No.	Category	Frequency	Percentage
1	Low adoption	16	17.77
2	Medium adoption	68	75.56
3	High adoption	06	06.67
	Total	90	100

(Mean =11.38)   (SD=2.90)

4.4 Relação entre o perfil do inquirido e o seu conhecimento sobre o cultivo científico do algodão Bt

A relação entre o perfil dos produtores de algodão Bt e os seus conhecimentos sobre o cultivo científico de culturas de algodão Bt foi calculada com a ajuda do coeficiente de correlação de Karl Pearson. Os resultados foram apresentados no Quadro 14 (Fig. 12).

Tabela n.º 14: Relação entre o perfil do inquirido e o seu conhecimento sobre o cultivo científico do algodão Bt n=90

Sr. No.	Independent Variables	Correlation-Coefficient ('r' value)
1.	Age	0.062[NS]
2.	Education	0.395**
3.	Land holding	0.174*
4.	Social participation	0.101[NS]
5.	Annual income	0.166[NS]
6.	Extension contact	0.174*
7.	Farming experience	-0.135[NS]
8.	Scientific orientation	0.380**
9.	Mass Media Exposure	0.420**

(NS= non-significant, * = significant at 0.05 level, (0.174)   **=significant at 0.01 level (0.270))

4.4.1 Idade e conhecimentos

O quadro 17 indica claramente que existe uma associação positiva e não significativa (r=0,062NS) entre o nível de conhecimentos dos inquiridos sobre o cultivo científico do algodão Bt e a sua idade. Pode ser interpretado que o conhecimento sobre o cultivo científico do algodão Bt aumenta ligeiramente com o aumento da idade.

Esta conclusão está em consonância com o resultado de Kumar *et al.* (2014).

4.4.2 Educação e conhecimento

Como revelado pelos dados apresentados na Tabela 17, houve uma associação positiva e altamente significativa (r=0,395**) entre o nível de conhecimento dos inquiridos sobre o cultivo científico do algodão Bt e a sua educação. Isto significa que, com o aumento da escolaridade, o nível de conhecimentos também aumenta.

Esta conclusão é semelhante à relatada por *Chauhan et al.* (2009) e Kumar *et al.* (2014).

4.4.3 Dimensão da exploração fundiária e conhecimentos

Os dados apresentados no Quadro 17 mostram que existe uma relação positiva e significativa (0,174*) entre o nível de conhecimentos dos inquiridos sobre o cultivo científico do algodão Bt e a dimensão da sua exploração agrícola.

Este resultado é semelhante ao registado por *Chauhan et al.* (2009).

4.4.4 Participação social e conhecimento

Conforme revelado pelos dados apresentados na Tabela 17, houve uma relação positiva e não significativa (r=0,101[NS]) entre o nível de conhecimento dos inquiridos sobre o cultivo científico do algodão Bt e a sua participação social. Pode-se interpretar que o conhecimento sobre o cultivo científico do algodão Bt muda ligeiramente com a participação social.

Esta conclusão está em consonância com o resultado registado por Prajapati *et al.* (2012).

4.4.5 Rendimento anual e conhecimentos

Como revelam os dados apresentados no Quadro 17, existe uma relação positiva e não significativa (r=0,166^{NS}) entre o nível de conhecimentos dos inquiridos sobre o cultivo científico do algodão Bt e o seu rendimento anual. Pode ser interpretado que o conhecimento sobre o cultivo científico do algodão Bt aumenta ligeiramente com o rendimento anual.

Este resultado é semelhante ao registado por *Chauhan et al.* (2009).

4.4.6 Contactos e conhecimentos sobre extensão

Conforme revelado pelos dados apresentados na Tabela 17, houve uma relação positiva e significativa (r=0,174*) entre o nível de conhecimento dos inquiridos sobre o cultivo científico do algodão Bt e o seu contacto com a extensão. Pode ser interpretado que o conhecimento sobre o cultivo científico do algodão Bt aumenta com o contacto anual com a extensão.

Esta conclusão é semelhante à relatada por Patel e Chauhan (2015).

4.4.7 Experiência e conhecimentos agrícolas

Conforme revelado pelos dados apresentados na tabela 17, houve uma associação positiva e não significativa (r=-0,135^{NS}) entre o nível de conhecimento dos inquiridos sobre o cultivo científico do algodão Bt e a experiência agrícola. Isto significa que, com o aumento da experiência agrícola, o nível de conhecimentos aumenta. Porque, à medida que a experiência agrícola aumenta, os agricultores conhecem diferentes aspectos e possuem mais e mais informação.

Esta conclusão está em consonância com os resultados de Prajapati *et al.* (2012)

4.4.8 Orientação e conhecimentos científicos

Como revelam os dados apresentados na Tabela 17, houve uma relação positiva e altamente significativa (r=0,380**) entre o nível de conhecimento dos inquiridos sobre o cultivo científico do algodão Bt e a sua exposição aos meios de comunicação social. Pode ser interpretado que o conhecimento sobre o cultivo científico do algodão Bt aumenta com a orientação científica.

4.4.9 Exposição e conhecimento dos meios de comunicação social

Como revelam os dados apresentados na Tabela 17, houve uma relação positiva e altamente significativa (r=0,420**) entre o nível de conhecimento dos inquiridos sobre o cultivo científico do algodão Bt e a sua exposição aos meios de comunicação social.

Pode ser interpretado que o conhecimento sobre o cultivo científico do algodão Bt aumenta com a orientação científica.

4.5   **Relação entre o perfil do inquirido e a sua adoção de conhecimentos científicos**

cultivo de algodão Bt

A relação entre o perfil dos produtores de algodão Bt e a sua adoção do cultivo científico de culturas de algodão Bt foi calculada com a ajuda do coeficiente de correlação de Karl Pearson. Os resultados foram apresentados no Quadro 15 (Fig. 13).

Tabela n.º 15: Relação entre o perfil do inquirido e a sua adoção do cultivo científico do algodão Bt n=90

Sr. No.	Independent Variables	Correlation-Coefficient ('r' value)
1.	Age	0.183*
2.	Education	0.382**
3.	Land holding	0.300**
4.	Social participation	0.331**
5.	Annual income	0.270*
6.	Extension contact	0.094[NS]
7.	Farming experience	0.108[NS]
8.	Scientific orientation	0.179*
9.	Mass Media Exposure	0.298**

(NS= non-significant, * = significant at 0.05 level, (0.174) **=significant at 0.01 level (0.270))

4.5.1   **Idade e adoção**

A Tabela 18 indica claramente que houve uma associação positiva e significativa (r=0,183*) entre o nível de adoção do cultivo científico do algodão Bt pelos inquiridos e a sua idade. Pode ser interpretado que a adoção do cultivo científico do algodão Bt aumenta com o aumento da idade.

Esta conclusão está em consonância com o resultado de Pandya *et al.* (2014).

4.5.2   **Educação e adoção**

Conforme revelado pelos dados apresentados na Tabela 18, houve uma associação positiva e altamente significativa (r=0,382**) entre o nível de adoção dos inquiridos sobre o cultivo científico do algodão Bt e a sua educação. Significa que com o aumento da educação o nível de adoção também aumenta.

Esta conclusão é semelhante à relatada por Pandya *et al.* (2014) e Mistry *et al.* (2015)

4.5.3   **Dimensão da exploração fundiária e adoção**

Os dados apresentados no Quadro 18 mostram que existe uma relação positiva e altamente significativa (0,300**) entre o nível de adoção do cultivo científico do algodão Bt pelos inquiridos e a dimensão da sua propriedade.

Este resultado é semelhante ao relatado por Mistry *et al.* (2015).

4.5.4   Participação social e adoção

Conforme revelado pelos dados apresentados na Tabela 18, houve uma relação positiva e altamente significativa (r=0,331**) entre o nível de adoção dos inquiridos sobre o cultivo científico do algodão Bt e a sua participação social. Pode ser interpretado que a adoção do cultivo científico do algodão Bt aumenta com a participação social.

Esta conclusão está em consonância com o resultado registado por Pandya *et al.* (2014).

4.5.5   Rendimento anual e adoção

Conforme revelado pelos dados apresentados na Tabela 18, houve uma relação positiva e altamente significativa (r=0,270*) entre o nível de adoção dos inquiridos sobre o cultivo científico do algodão Bt e o seu rendimento anual. Pode ser interpretado que a adoção do cultivo científico do algodão Bt aumenta com o rendimento anual.

Esta conclusão é semelhante à relatada por Mistry *et al.* (2015)

4.5.6   Contacto de extensão e adoção

Como revelado pelos dados apresentados na Tabela 18, houve uma relação positiva e não significativa (r=0,094^{NS}) entre o nível de adoção dos inquiridos sobre o cultivo científico do algodão Bt e o seu contacto com a extensão. Pode ser interpretado que a adoção do cultivo científico do algodão Bt aumenta ligeiramente com o contacto anual com a extensão.

Esta conclusão é semelhante à relatada por Pandya *et al.* (2014).

4.5.7   Experiência agrícola e adoção

Conforme revelado pelos dados apresentados na tabela 18, houve uma associação positiva e não significativa (r=0,108^{NS}) entre o nível de adoção dos inquiridos sobre o cultivo científico do algodão Bt e a experiência agrícola. Isto significa que com o aumento da experiência agrícola, o nível de adoção aumenta ligeiramente. Porque, à medida que a experiência agrícola aumenta, os agricultores conhecem diferentes aspectos e possuem mais e mais informação.

Esta conclusão está em consonância com os resultados de Patel *et al.* (2015).

4.5.8   Orientação e adoção científica

Conforme revelado pelos dados apresentados na Tabela 18, houve uma relação positiva não significativa (r=0,179*) entre o nível de adoção dos inquiridos sobre o cultivo científico do algodão Bt e a sua exposição aos meios de comunicação social. Pode ser interpretado que a adoção do cultivo científico do algodão Bt aumenta ligeiramente com o aumento da orientação científica.

Esta conclusão está em consonância com o resultado de Pandya *et al.* (2014).

4.5.9   Exposição e conhecimento dos meios de comunicação social

Como revelam os dados apresentados na Tabela 17, existe uma relação positiva e altamente significativa (r=0,298**) entre o nível de conhecimento dos inquiridos sobre o cultivo científico do algodão Bt e a sua exposição aos meios de comunicação social. Pode ser interpretado que o conhecimento sobre o cultivo científico do algodão Bt aumenta com a exposição aos meios de comunicação social.

4.6   Constrangimentos de produção e sugestões feitas pelos produtores de algodão Bt

4.6.1   Constrangimentos enfrentados pelos produtores de algodão Bt na obtenção de conhecimentos sobre o pacote de práticas recomendado

Os constrangimentos na tecnologia de produção de diferentes culturas nunca acabam. No entanto, podem ser minimizados. Foi pedido aos inquiridos que expressassem os constrangimentos enfrentados pelos agricultores na produção de algodão Bt. A frequência e a percentagem para cada constrangimento foram calculadas e, com base nisso, os constrangimentos foram classificados e apresentados no Quadro 16 (Fig. 14).

Tabela No. 16: Constrangimentos de produção enfrentados pelos produtores de algodão Bt n=90

Sr. No.	Particulars	Number	percentage
1.	**Input**		
	Inadequate supply of electricity	75	83.33
	Lack of irrigation facility and canal water availability	59	65.55
	High cost of plant protection chemicals	51	56.66
	Non availability of required quantity of FYM	40	44.44
	High cost of chemical fertilizer	39	43.33
	High cost of hybrid seeds	34	37.77
	Lack of credit facility	16	17.77
2.	Technical		
	Lack of knowledge to manage the disease	59	65.55
	High initial cost	47	52.22
	Lack of knowledge to manage the pest	45	50.00
	Lack of knowledge about different cultivation practices	15	16.66
3.	Labour		
	Non-availability of labourers	71	78.88
	High wages of labourers	64	71.11
4.	Marketing		
	Low price of produce	50	55.55
	Exploitation by middlemen	44	48.88

Constrangimentos relacionados com as tecnologias de produção do algodão Bt

Os principais constrangimentos encontrados pelos produtores de algodão Bt foram o fornecimento inadequado de eletricidade (83,33%), seguido pela falta de instalações de irrigação e disponibilidade de água nos canais (65,55%), o elevado custo dos produtos químicos fitossanitários (56,66%), a não disponibilidade da quantidade necessária de FYM (44,44%), o elevado custo dos fertilizantes químicos

(43,33%), o elevado custo das sementes híbridas (17,33%) e a falta de facilidades de crédito (17,77%).

No que diz respeito aos constrangimentos técnicos, a maioria dos inquiridos enfrentou problemas relacionados com a falta de conhecimentos sobre a gestão de doenças (65,55%), seguidos de custos iniciais elevados (52,22), falta de conhecimentos sobre a gestão de pragas (50,00%) e falta de conhecimentos sobre diferentes práticas de cultivo (16,66%).

A maioria dos inquiridos enfrentou o problema da mão de obra. A não disponibilidade de trabalhadores no momento necessário e os salários elevados dos trabalhadores foram enfrentados por 78,88% e 71,11% dos inquiridos, respetivamente.

No que respeita à comercialização, 55,55% dos produtores enfrentam um baixo preço dos produtos, seguido da exploração por intermediários (48,88%).

4.4.2   Sugestão dada pelos produtores de algodão Bt para obterem conhecimentos sobre o pacote de práticas

Também se tentou obter sugestões dos agricultores para ultrapassar os vários constrangimentos enfrentados pelos inquiridos na produção da cultura de algodão Bt. Pediu-se aos inquiridos que dessem as suas valiosas sugestões contra as dificuldades que enfrentam na produção da cultura do algodão Bt. Os dados foram recolhidos e resumidos no Quadro 17 (Fig. 15).

As sugestões valiosas dadas pelos agricultores são apresentadas no Quadro 20. Pode-se concluir a partir da tabela que os agricultores sugeriram que a eletricidade para irrigação deve ser fornecida regularmente e por mais tempo (80,00 por cento) em primeiro lugar, a água do canal é fornecida regularmente (68,88 por cento) em segundo lugar, os trabalhadores da extensão agrícola devem fornecer informações sobre a variedade, gestão da irrigação, estrume e fertilizantes, proteção das plantas e novas práticas de culturas de algodão Bt (63.33 por cento) em terceiro lugar, Organização de programas de formação de agricultores para produtores **de algodão Bt** (61,11 por cento) em quarto lugar, Sementes e fertilizantes químicos devem estar facilmente disponíveis a um preço justo (54,44 por cento) em quinto lugar

Pode concluir-se que as principais sugestões dadas pelos agricultores foram: a eletricidade para irrigação deve ser fornecida regularmente e por um período mais longo, a água do canal deve ser fornecida regularmente, os trabalhadores da extensão agrícola devem fornecer informações sobre variedades, gestão da irrigação, estrume e fertilizantes, proteção das plantas e novas práticas de culturas de algodão Bt.

Quadro 17: Sugestão dada pelos produtores de algodão Bt n=90

Sr. No.	Suggestions	Frequency	Percent	Rank
1.	Electricity for irrigation should be provided regularly and for longer duration	72	80.00	I
2.	Canal water are provided regularly	62	68.88	III
3.	Agriculture Extension workers should provided information regarding variety, irrigation management, manure and fertilizer, plant protection and new practices of Bt cotton crops	57	63.33	IV
4.	Organization of farmers training programmes for Bt cotton growers	55	61.11	V
5.	Seeds and chemical fertilizers should be easily available at fair price	49	54.44	VI

CAPÍTULO - V
RESUMO E CONCLUSÃO

Este capítulo é uma descrição sucinta do presente estudo, abrangendo o resumo dos principais resultados, a conclusão e as sugestões para a estratégia futura e as suas implicações.

5.1   ANTECEDENTES

O algodão é conhecido como o ouro branco e é uma das culturas comerciais mais importantes do nosso país. A sua contribuição para a economia indiana é de grande importância, uma vez que é o maior exportador de fios para os seus países. A cultura do algodão é cultivada principalmente pela sua fibra utilizada nas indústrias têxteis e é também utilizada para vários outros fins, como o fabrico de fios para misturar com outras fibras, a extração de óleo de sementes de algodão, as sementes trituradas para alimentação animal, o fiapo para fins religiosos, etc. Para além destes fins, é também um gerador de emprego para as pessoas que se dedicam ao cultivo, ao comércio e à transformação. A Índia tem a maior área cultivada de algodão do mundo, mas ocupa a terceira posição. Na Índia, os Estados produtores de algodão são Gujarat, Maharastra, Andhra Pradesh, Karnataka, Tamilnadu, Punjab, Rajasthan, Western Uttar Pradesh e Madhya Pradesh. Em Gujarat, o algodão ocupa uma área de 27,12 milhões de hectares, com uma produção total de 91,15 milhões de fardos e uma produtividade de 570 kg/hectare (Crop-wise Fourth Advance Estimate of Area, Production and Yield of Foodgrains, Oilseeds and Other crops for 2015-16 of Gujarat State). As principais zonas de cultivo de algodão de Gujarat são Bharuch, vadodra, saurastra. Ao analisar os relatórios de investigação e os resultados publicados em revistas de investigação, verifica-se que o pacote de práticas adotado pelos agricultores difere um pouco do que é recomendado pelos cientistas para uma produção óptima. Na Índia, as universidades agrícolas e os institutos de investigação realizaram investigação suficiente sobre a tecnologia de produção de algodão, mas os utilizadores-alvo da tecnologia não foram capazes de a adotar ao nível desejado. Houve sempre uma lacuna entre a tecnologia recomendada e a sua adoção pelos utilizadores finais da tecnologia. Assim, tendo em conta os pontos de referência acima referidos, o problema de investigação intitulado "conhecimento e adoção pelos agricultores do cultivo científico do algodão Bt no distrito de Bharuch, no Estado de Gujarat" foi empreendido com os seguintes objectivos específicos

5.2   OBJECTIVOS DO ESTUDO

5.2.1   Perfil pessoal dos produtores de algodão Bt

5.2.2   Conhecimento dos inquiridos sobre o cultivo científico do algodão Bt

5.2.3   Grau de adoção da cultura científica do algodão Bt pelos agricultores

5.2.4   Relação entre o perfil do inquirido e o seu conhecimento sobre o cultivo científico do algodão Bt

5.2.5   Relação entre o perfil do inquirido e a sua adoção da cultura científica do algodão Bt

5.2.6   Problemas encontrados pelos agricultores na adoção do pacote de práticas recomendado e sugestões para os ultrapassar.

5.3　　HIPÓTESES DO ESTUDO

5.3.1　　Não existe qualquer relação entre o perfil dos produtores de algodão Bt e os seus conhecimentos e o nível de adoção dos agricultores relativamente ao cultivo científico do algodão Bt.

5.4　　METODOLOGIA

A investigação foi realizada no distrito de Bharuch, no estado de Gujarat, em 2017. O distrito é composto por oito talukas, entre as quais Bharuch, Jambusar e Amod foram selecionadas aleatoriamente para o estudo. De cada taluka foram selecionadas aleatoriamente três aldeias com o número máximo de produtores de algodão Bt. Em cada uma das aldeias selecionadas, foram escolhidos 10 agricultores por amostragem aleatória, de modo a constituir uma amostra de 90 inquiridos para o estudo. A fim de medir o nível de conhecimentos sobre diferentes aspectos da produção de culturas de algodão Bt, foi elaborado um programa estruturado através da revisão da literatura relacionada e da procura de sugestões de peritos. Os dados foram recolhidos através do método de entrevista pessoal. Para analisar os dados, foram utilizadas ferramentas estatísticas, nomeadamente a frequência, a percentagem, a classificação e a correlação.

5.5　　PRINCIPAIS CONCLUSÕES

5.5.1　　A maioria dos agricultores (61,12%) encontrava-se no grupo etário médio, 30,00% no grupo etário jovem e 08,88% no grupo etário idoso.

5.5.2　　A maioria dos agricultores tinha habilitações académicas, mas pouco menos de metade dos produtores de algodão Bt (47,77%) tinha o ensino secundário, 42,23% tinham o ensino primário e apenas 10% tinham o ensino superior.

5.5.3　　A maioria dos agricultores (87,78%) tinha uma grande propriedade fundiária, seguida de uma propriedade fundiária média (06,67%) e de uma pequena propriedade fundiária (05,55%).

5.5.4　　A maioria dos inquiridos (64,45%) era membro de uma organização.

5.5.5　　A maioria dos agricultores (60,00 por cento) tinha um rendimento anual mais elevado, seguido de um rendimento médio (24,45 por cento) e baixo (15,55 por cento).

5.5.6　　A maioria dos agricultores (67,77%) teve um contacto médio com a extensão, seguido de alto (16,68%) e baixo (15,55%).

5.5.7　　A maioria dos agricultores (67,77%) tinha uma experiência agrícola média (10-18 anos), seguida de uma experiência agrícola elevada (17,79%), superior a 19 anos, e 14,44% dos agricultores tinham uma experiência agrícola até 9 anos.

5.5.8　　A maioria dos produtores de algodão Bt (55,55%) tinha um nível médio de orientação científica, seguido de 23,34% e 21,11% que tinham um nível superior e inferior de orientação científica, respetivamente.

5.5.9　　A maioria dos agricultores (60,00 por cento) tinha um nível de conhecimento médio, seguido de baixo (20,00 por cento) e alto (20,00 por cento).

5.5.10　　A maior parte dos agricultores (75,56%) tinha uma exposição média aos meios de comunicação social, seguida de baixa (12,22%) e alta (12,22%).

5.5.11   A maioria dos agricultores (74,44%) pertencia a um nível médio de adoção, seguido de baixo (14,44%) e alto (11,12%).

5.5.12   As caraterísticas como a idade (r = 0,062), a participação social (r = 0,101) e o rendimento anual (r = 0,166), foram positivas e a experiência agrícola (r = -0,135) foi negativa e não significativamente correlacionada com o nível de conhecimentos. As caraterísticas como a posse de terra (r = 0,174), o contacto com a extensão (r = 0,174), foram positivas e significativamente correlacionadas com o nível de conhecimentos. A escolaridade (r = 0,395), a orientação científica (r = 0,380) e a exposição aos meios de comunicação social (r = 0,420) apresentaram uma correlação positiva e altamente significativa com o nível de conhecimentos.

5.5.13   As caraterísticas como o contacto com a extensão (r = 0,094) e a experiência agrícola (r = 0,108) tiveram uma correlação positiva e não significativa com o nível de adoção. As caraterísticas como a idade (r = 0,183), o rendimento anual (r = 0,270) e a orientação científica (r = 0,179) foram positiva e significativamente correlacionadas com o nível de adoção. A educação (r = 0,382), a dimensão da propriedade fundiária (r = 0,300), a participação social (r = 0,331) e a exposição aos meios de comunicação social (r = 0,298) foram positivas e altamente significativas para o nível de adoção.

5.5.14   Os principais constrangimentos em termos de factores de produção foram o fornecimento inadequado de eletricidade (83,33%), que foi considerado o constrangimento mais importante. O segundo constrangimento importante expresso pelos agricultores foi a falta de instalações de irrigação e disponibilidade de água no canal (65,55%), o terceiro constrangimento foi o elevado custo dos produtos químicos de proteção das plantas (56,66%), tal como expresso pelos inquiridos, e a não disponibilidade da quantidade necessária de FYM (44,44%) foi considerada o quarto constrangimento importante. O quinto constrangimento importante é o custo elevado dos fertilizantes químicos (43,33%), seguido do custo elevado das sementes híbridas (17,33%) e da falta de facilidades de crédito (17,77%) como sexto e sétimo constrangimentos importantes. Também no que respeita aos aspectos técnicos

No caso dos constrangimentos de mão de obra, a falta de conhecimentos sobre a gestão de doenças (65,55%) foi classificada em primeiro lugar e o custo inicial elevado (52,22) em segundo lugar, sendo o terceiro constrangimento mais importante a falta de conhecimentos sobre a gestão de pragas (50,00%), seguida da falta de conhecimentos sobre diferentes práticas de cultivo (16,66%) como quarto constrangimento. No caso de constrangimentos de mão de obra, a não disponibilidade de trabalhadores no momento necessário e os salários elevados dos trabalhadores foram enfrentados por (78,88) por cento e 71,11 por cento dos inquiridos, respetivamente, como primeiro e segundo constrangimentos mais importantes. No que diz respeito aos constrangimentos de comercialização, o baixo preço dos produtos foi enfrentado por 55,55 por cento, seguido pela exploração por intermediários (48,88%) como principais constrangimentos.

5.5.15 As principais sugestões dadas em relação a cada constrangimento foram as seguintes: A eletricidade para irrigação deve ser fornecida regularmente e por um período mais longo (80,00 por cento) na primeira posição, encargos adequados de mão de obra, água do canal são fornecidos regularmente (68.88 por cento) em segundo lugar, os trabalhadores da extensão agrícola devem fornecer informações sobre variedades, gestão de irrigação, estrume e fertilizantes, proteção de plantas e novas práticas de culturas de algodão Bt (r = 63,33 por cento) em terceiro lugar, organização de programas de formação de agricultores para produtores de culturas de algodão Bt (61,11 por cento) em quarto lugar, sementes e fertilizantes químicos devem estar facilmente disponíveis a preços justos em quarto lugar.

5.6 CONCLUSÕES

5.6.1 Pode concluir-se que a maioria dos produtores de algodão Bt tinha entre 36 e 50 anos de idade, com escolaridade entre o ensino primário e o secundário, maior posse de terras, participação social média, maior rendimento anual, contacto médio com a extensão, experiência agrícola média, orientação científica média e exposição média aos meios de comunicação social.

5.6.2 A maioria dos agricultores tinha um nível de conhecimentos médio.

5.6.3 A maioria dos agricultores tinha um nível de adoção médio.

5.6.4 As variáveis como a idade, a participação social e o rendimento anual apresentaram uma correlação positiva e não significativa com o nível de conhecimentos, e a experiência agrícola apresentou uma correlação negativa e não significativa com o nível de conhecimentos, e a dimensão da exploração agrícola e o contacto com a extensão apresentaram uma correlação positiva e significativa com o nível de conhecimentos, e a educação, a orientação científica e a exposição aos meios de comunicação social apresentaram uma correlação positiva e significativa com o nível de conhecimentos.

5.6.5 As variáveis como o contacto com a extensão e a experiência agrícola foram positiva e não significativamente correlacionadas com o nível de adoção, e a idade, o rendimento anual e a orientação científica foram positiva e significativamente correlacionadas com o nível de adoção e a educação,

a dimensão da propriedade fundiária, a participação social e a exposição aos meios de comunicação social foram positivas e altamente significativas para o nível de adoção.

5.6.6 A maioria dos produtores de algodão Bt enfrentou os seguintes constrangimentos: "Fornecimento inadequado de eletricidade", seguido de "Falta de instalações de irrigação e de disponibilidade de água nos canais", "Custo elevado dos produtos químicos fitossanitários", "Não disponibilidade da quantidade necessária de farinha de trigo", "Custo elevado dos fertilizantes químicos", "Custo elevado das sementes híbridas", "Falta de facilidades de crédito". Quanto às limitações técnicas, "Falta de conhecimentos para gerir as doenças", seguida de "Custo inicial elevado", "Falta de conhecimentos para gerir as pragas", "Falta de conhecimentos sobre as diferentes práticas de cultivo". No caso das restrições de mão de obra, "Indisponibilidade de trabalhadores", seguida de "Salários elevados dos trabalhadores". Por outro lado, "Baixo preço do produto" seguido de "Exploração por intermediários" no que respeita aos constrangimentos relacionados com a comercialização.

5.6.7   As principais sugestões dadas pelos produtores de algodão Bt em relação a cada um dos constrangimentos foram: "A eletricidade para irrigação deve ser fornecida regularmente e por mais tempo", seguida de "A água do canal é fornecida regularmente", "Os trabalhadores da extensão agrícola devem fornecer informações sobre a variedade, gestão da irrigação, estrume e fertilizantes, proteção das plantas e novas práticas das culturas de algodão Bt", "Organização de programas de formação de agricultores para os produtores de algodão Bt", "As sementes e os fertilizantes químicos devem estar facilmente disponíveis a um preço justo".

5.7   IMPLICAÇÕES DO ESTUDO

O presente estudo revelou algumas conclusões importantes que têm uma incidência direta nas pessoas envolvidas na transferência de tecnologia e na elaboração de políticas. Estas conclusões são apresentadas em pormenor a seguir.

5.7.1   A maioria dos inquiridos tinha um nível médio de conhecimentos sobre as práticas de cultivo melhoradas do algodão Bt. Este facto indica que os serviços competentes têm uma grande margem de manobra para intervir e melhorar o nível de conhecimentos dos agricultores sobre as práticas de cultivo melhoradas do algodão Bt.

5.7.2   A taxa de sementeira (28,88 por cento), a quantidade de FYM (50,00 por cento), a aplicação de fertilizantes (20,00 por cento, para o azoto, 16,66 por cento para a potassa e 13,33 por cento para o fósforo), as medidas de controlo de pragas e doenças foram adoptadas por um menor número de inquiridos. No entanto, estas práticas são cruciais para obter o rendimento potencial. Por conseguinte, os serviços competentes devem considerá-las como pontos de intervenção cruciais e mobilizar o seu sistema para educar os agricultores.

5.7.3   O estudo indicou, assim, que embora o algodão Bt seja cultivado por muitos agricultores na área de estudo, os seus conhecimentos científicos sobre a cultura e a sua adoção científica apresentam lacunas. Uma das melhores formas de ultrapassar este problema consiste em utilizar vigorosamente os conhecimentos científicos dos Krishi Vigyan Kendras para realizar regularmente acções de formação fora do campus para os agricultores. A realização de escolas de campo para agricultores ajudaria certamente a colmatar estas lacunas. Assim, os serviços competentes deveriam dar grande ênfase a estas abordagens de extensão.

5.7.4   O fornecimento inadequado de eletricidade e a falta de instalações de irrigação e de disponibilidade de água nos canais foram os dois problemas importantes expressos pelos agricultores. O Governo deve assegurar que o fornecimento de eletricidade e de instalações de irrigação e de água nos canais seja disponibilizado durante a estação para melhorar o nível de adoção da cultura.

5.8 SUGESTÕES PARA INVESTIGAÇÃO FUTURA

5.8.1 Podem ser realizados estudos semelhantes noutras áreas geográficas, acrescentando variáveis independentes como o tipo de família, a ocupação, o cosmopolitismo, a modernidade geral e a disponibilidade de recursos, a fim de reforçar os resultados deste estudo.

5.8.2 As sugestões citadas neste estudo podem ser utilizadas para melhorar o conhecimento e o nível de adoção e promover o aumento da área e da produção de algodão Bt.

5.8.3 O presente estudo pode ser útil para descobrir o nível de adoção pelos inquiridos do cultivo científico do algodão Bt.

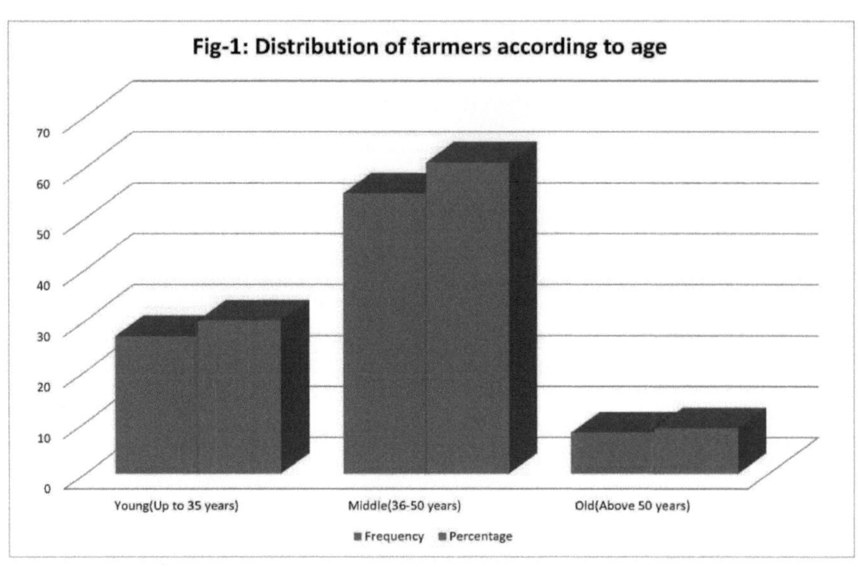

Fig-1: Distribution of farmers according to age

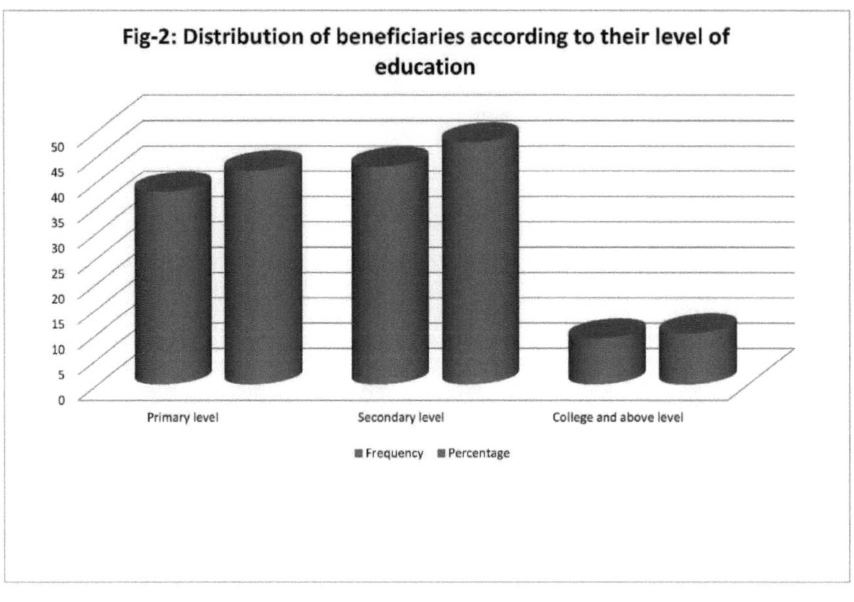

Fig-2: Distribution of beneficiaries according to their level of education

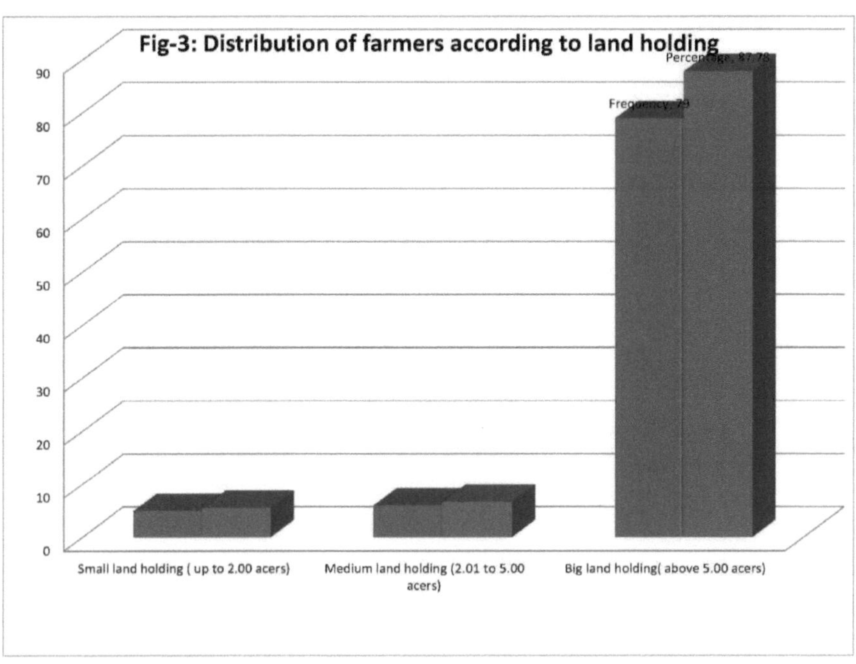

Fig-3: Distribution of farmers according to land holding
Percentage, 87.78
Frequency, 79
90
80
70
60
50
40
30
20
10
0
Small land holding (up to 2.00 acers)
Medium land holding (2.01 to 5.00 acers)
Big land holding(above 5.00 acers)

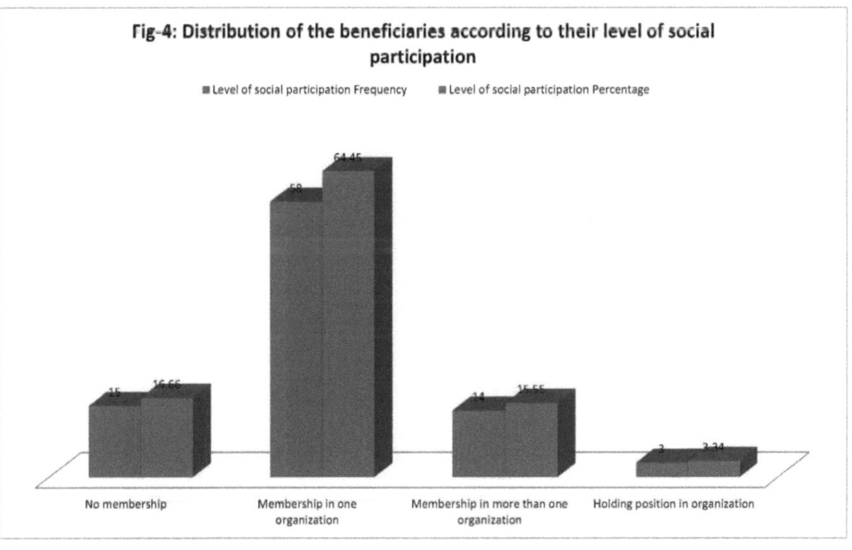

Fig-4: Distribution of the beneficiaries according to their level of social participation
Level of social participation Frequency
Level of social participation Percentage
64.45
58
15
16.66
14
15.55
3
3.34
No membership
Membership in one organization
Membership in more than one organization
Holding position in organization

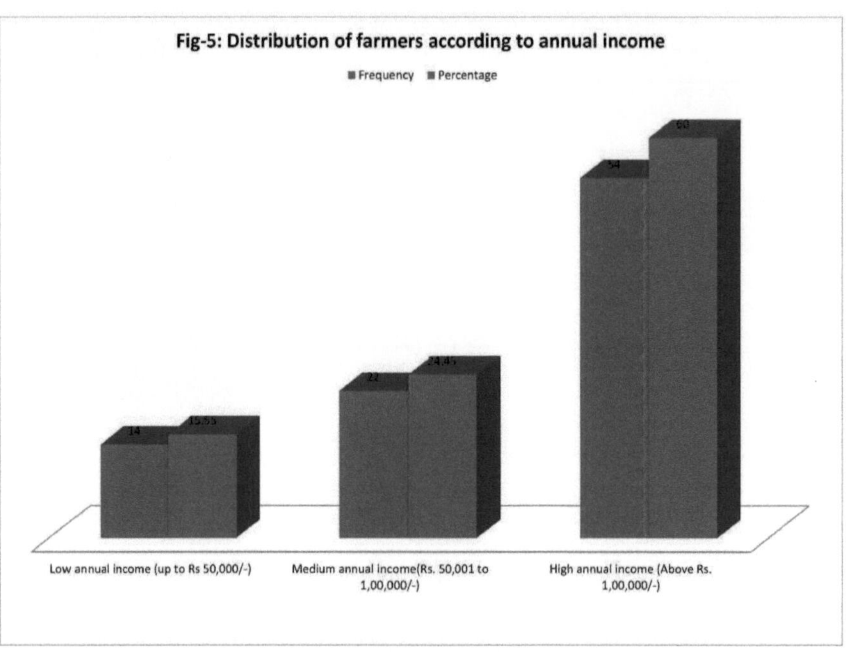

Fig-5: Distribution of farmers according to annual income
Frequency   Percentage
14
15.55
22
24.44
54
60
Low annual income (up to Rs 50,000/-)
Medium annual income(Rs. 50,001 to 1,00,000/-)
High annual income (Above Rs. 1,00,000/-)

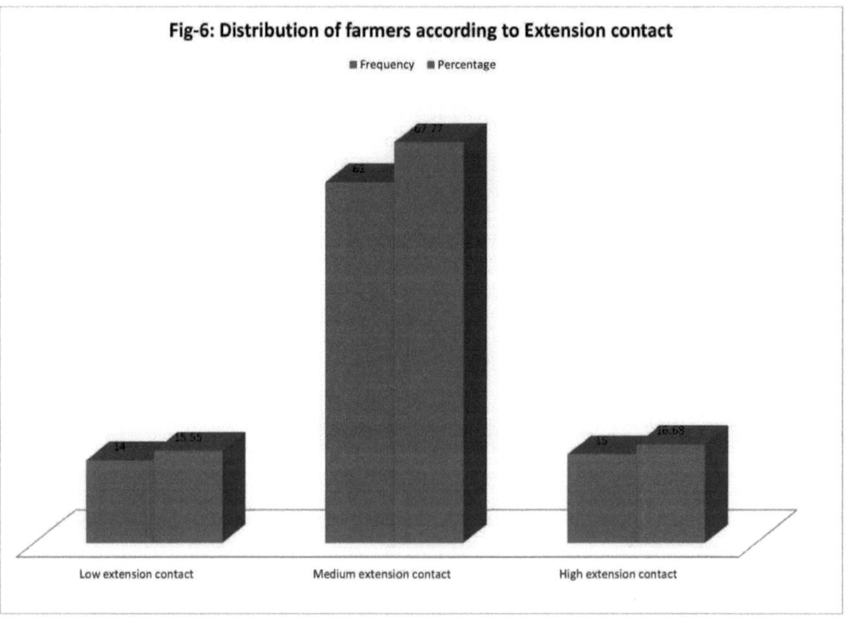

Fig-6: Distribution of farmers according to Extension contact
Frequency   Percentage
14
15.55
61
67.77
15
16.68
Low extension contact
Medium extension contact
High extension contact

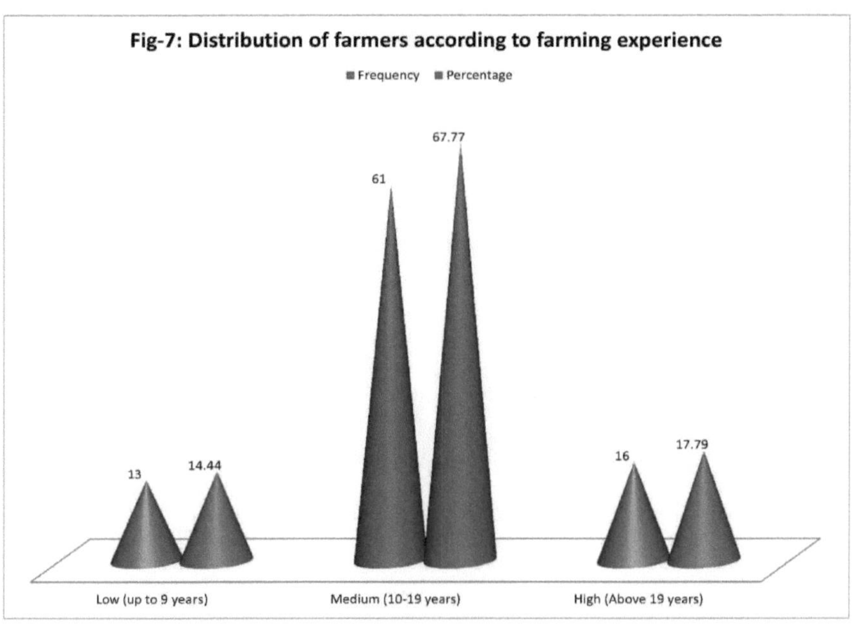

Fig-7: Distribution of farmers according to farming experience
Frequency   Percentage
67.77
61
17.79
16
13   14.44
Low (up to 9 years)   Medium (10-19 years)   High (Above 19 years)

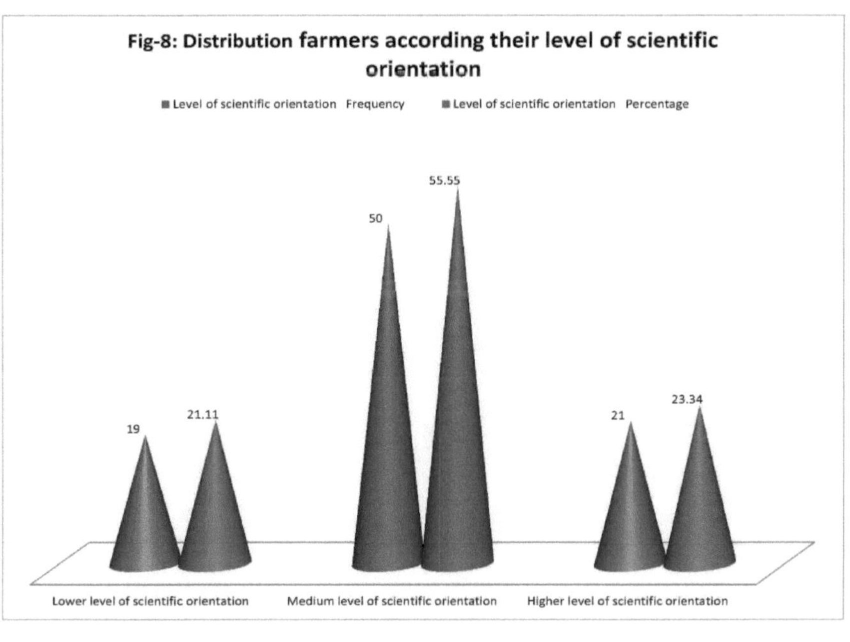

Fig-8: Distribution farmers according their level of scientific orientation
Level of scientific orientation Frequency   Level of scientific orientation Percentage
55.55
50
23.34
21
19   21.11
Lower level of scientific orientation   Medium level of scientific orientation   Higher level of scientific orientation

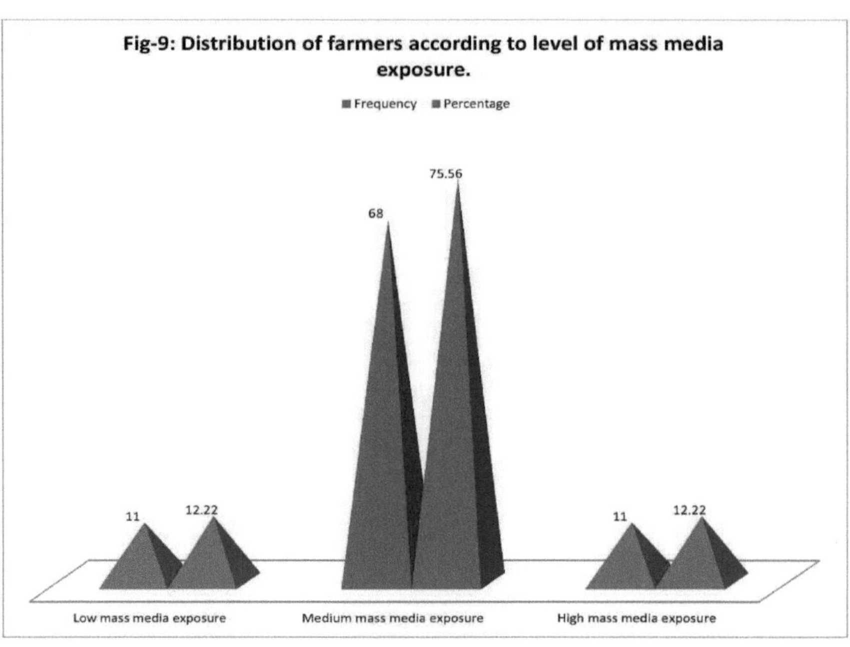

Fig-9: Distribution of farmers according to level of mass media exposure.

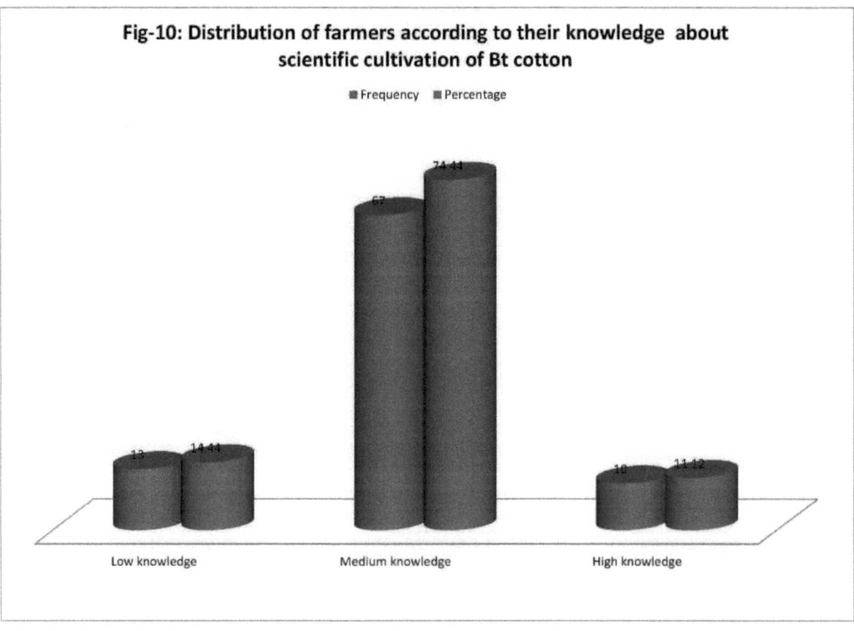

Fig-10: Distribution of farmers according to their knowledge about scientific cultivation of Bt cotton

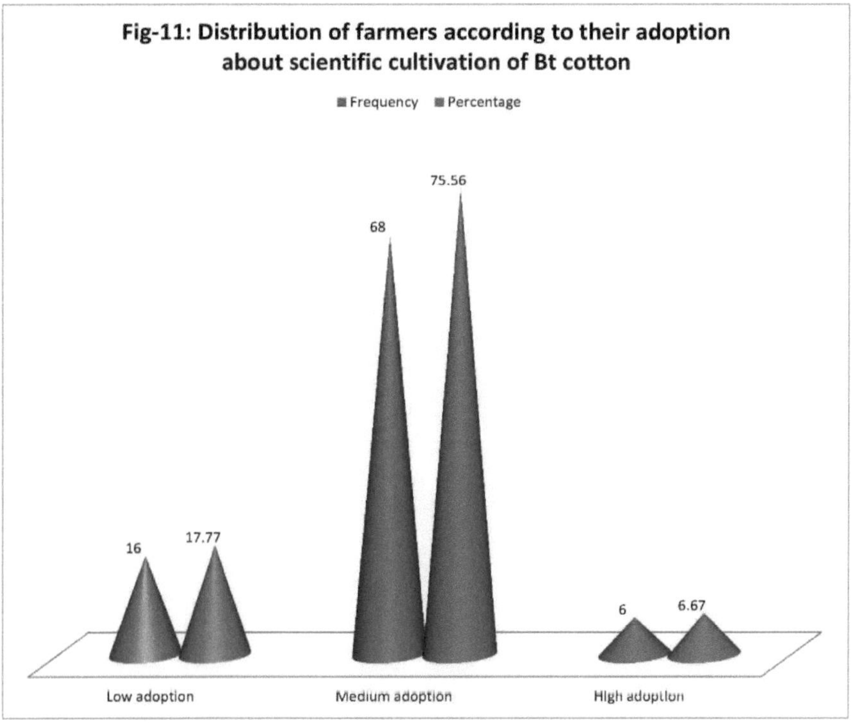

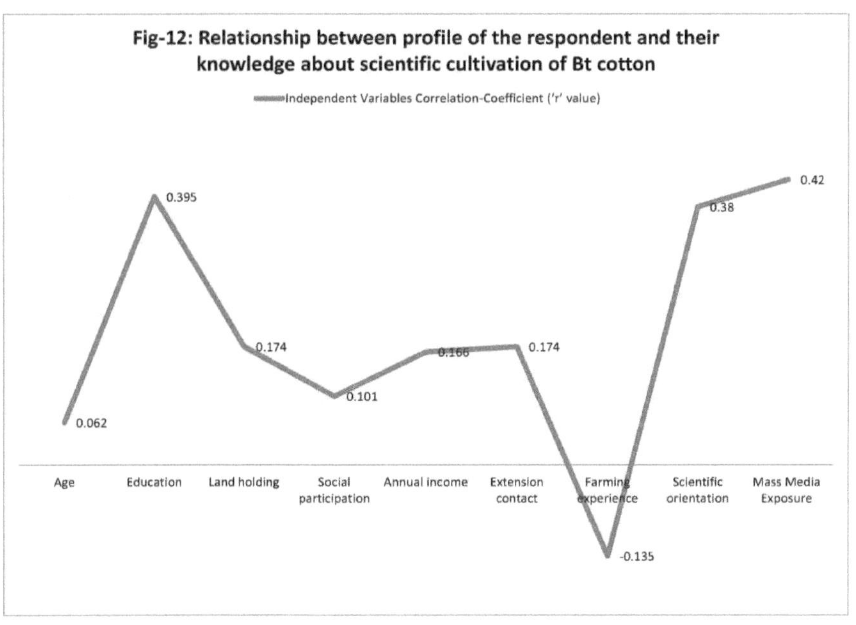

Fig-11: Distribution of farmers according to their adoption about scientific cultivation of Bt cotton
Frequency
Percentage
75.56
68
16
17.77
6
6.67
Low adoption
Medium adoption
High adoption
Fig-12: Relationship between profile of the respondent and their knowledge about scientific cultivation of Bt cotton
Independent Variables Correlation-Coefficient ('r' value)
0.42
0.395
0.38
0.174
0.166
0.174
0.101
0.062
-0.135
Age
Education
Land holding
Social participation
Annual income
Extension contact
Farming experience
Scientific orientation
Mass Media Exposure

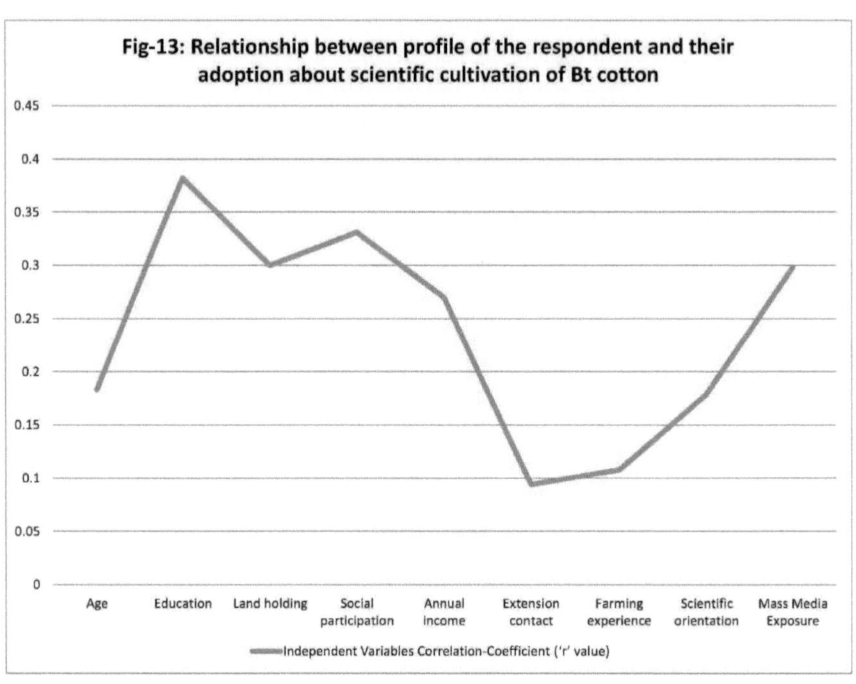

Fig-13: Relationship between profile of the respondent and their adoption about scientific cultivation of Bt cotton
0.45
0.4
0.35
0.3
0.25
0.2
0.15
0.1
0.05
0
Age
Education
Land holding
Social participation
Annual income
Extension contact
Farming experience
Scientific orientation
Mass Media Exposure
Independent Variables Correlation-Coefficient ('r' value)

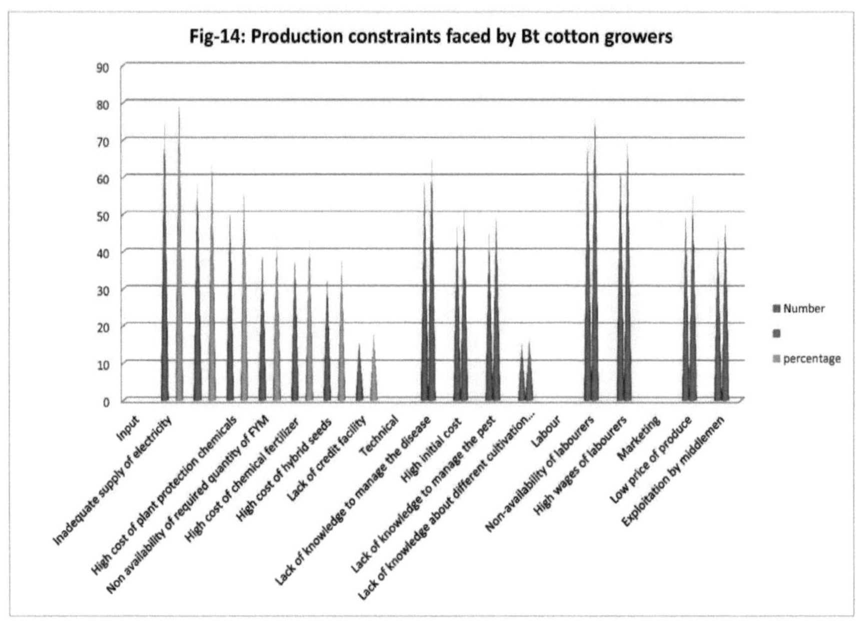

Fig-14: Production constraints faced by Bt cotton growers
90
80
70
60
50
40
30
20
10
0
Input
Inadequate supply of electricity
High cost of plant protection chemicals
Non availability of required quantity of FYM
High cost of chemical fertilizer
High cost of hybrid seeds
Lack of credit facility
Technical
Lack of knowledge to manage the disease
High initial cost
Lack of knowledge to manage the pest
Lack of knowledge about different cultivation...
Labour
Non-availability of labourers
High wages of labourers
Marketing
Low price of produce
Exploitation by middlemen
Number
percentage

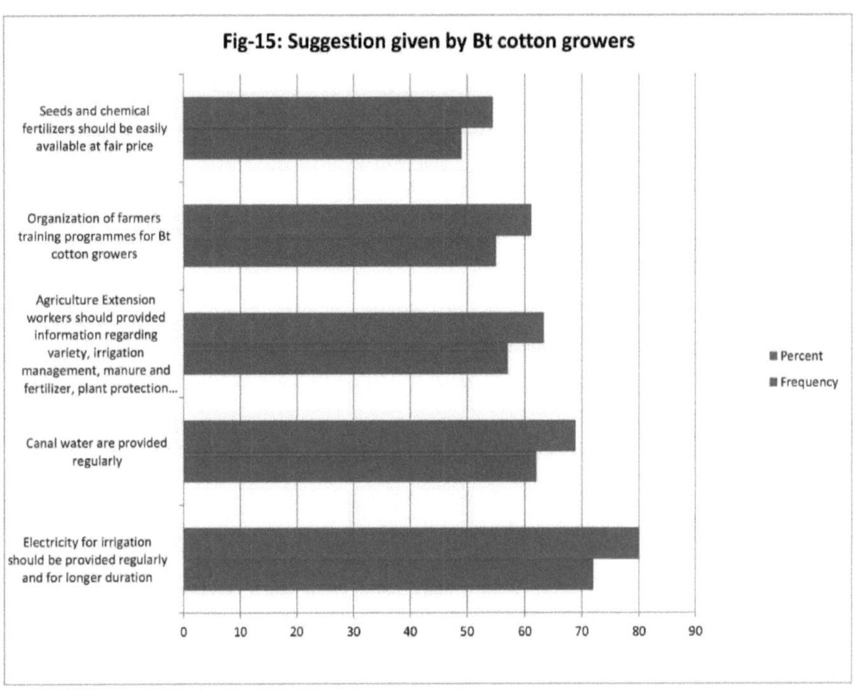

Fig-15: Suggestion given by Bt cotton growers
Seeds and chemical fertilizers should be easily available at fair price
Organization of farmers training programmes for Bt cotton growers
Agriculture Extension workers should provided information regarding variety, irrigation management, manure and fertilizer, plant protection...
Canal water are provided regularly
Electricity for irrigation should be provided regularly and for longer duration
Percent
Frequency
0
10
20
30
40
50
60
70
80
90

REFERÊNCIAS

Adesope, O.M., Matthews-Njoku, E.C., Oguzor, N.S. e Ugwuja, V.C.(2012).Effect of SocioEconomic Characteristics of Farmers on Their Adoption of Organic Farming Practices. *Crop production technologies* **12**:212-220.

Agahiu, A. E., Baiyeri K. P., Ogbuji, R. O. e Udensi, U. E. (2012) Avaliação do estado, perceção da infestação de ervas daninhas e métodos de controlo de ervas daninhas adoptados pelos produtores de mandioca no estado de Kogi, Nigéria. *Journal of Animal & Plant Sciences,* **13**(3), pp. 1823-1830.

Aglawe,D.,D., Lairenlakpam,**M.,** e Kokate,**D.,S.(2014).** Constrangimentos enfrentados pelos agricultores na adoção da tecnologia de produção de cúrcuma. *Guj. J. Ext. Edu.* **25**(2):215-217.

Avinash, T. S., Jahangirdar, K. A. e Patil, S.L. (2013) Perceção dos agricultores sobre o funcionamento do raitha sampark Kendra no distrito de dharwad de Karnataka. Lembrança e resumo, pp. 42.

Bhatia,R., Mehta,S.K. Bhatia,J., Thakral,S.K. e Rohila,A.(2016). Conhecimento de gestão de ervas daninhas de agricultores de arroz orgânico de Haryana. *Anais da Pesquisa Agri-Bio* **21**(2): 243-248.

Bhise, R.N., Kale, N.M. e Waghmode, Y.J. (2014). Adoção de práticas de cultivo recomendadas para *os produtores* de cebola *(Allium cepa.).Advance Research Journalof Social Science* .**5** (2) 233-237.

Bhoi, G.N., Patel, J.K. e Patel, B. S.(2014). Determinantes do conhecimento sobre a tecnologia de produção de mamona entre os beneficiários de demonstrações de linha de frente. *Guj. J. Ext. Edu.* **25**(1):78- 79.

Boruah, R., Borua, S., Deka, C. R. e Borah, D. (2015) Entrepreneurial behaviour of tribal winter vegetable growers in Jorhat district of Assam (Comportamento empresarial dos produtores tribais de legumes de inverno no distrito de Jorhat de Assam). *Indian Res. J. Ext. Edu.,* **15**(1), pp. 65-69.

Chandramouli Pandeti (2005) A study on entrepreneurial behaviour of farmers in Raichur district of Karnataka. *Tese de Mestrado (Agri.) (Unpubl.),* Universidade de Ciências Agrícolas, Dharwad.

Chaudhari, J.K.,.Patel, B.S e Parikh, A.H.(2015).Impacto do Krishi Vigyan Kendra no conhecimento dos agricultores sobre tecnologias agrícolas melhoradas da cultura do trigo. *Guj. J. Ext. Edu.* **26**(1):30-32.

Dhodia, A. J., Naik, R. M. e Tandel, B. M. (2014) Attitude of farmers towards training programme of mega seed project. *Guj. J. of Ext. Edu.,* **3**(1): 9-12.

Gangadhar, G. (2012) Lacuna tecnológica na adoção de práticas de cultivo de chilly pelos agricultores dos distritos de Yadgir e Raichur do norte de Karnataka. *Tese de Mestrado (Agri.) (Unpubl.),* Universidade de Ciências Agrícolas, Raichur.

Gautam, Malik, A e Kamaldeep (2015) Medição dos conhecimentos dos agricultores sobre as práticas científicas no sector dos lacticínios em Haryan. *Indian Res. J. Ext. Edu.,* **15**(2), pp. 114-118.

Gohil, G.R., Raviya, P.B. e Barad, V.G.(2016). Associação entre a Adoção de Práticas de Gestão de Crises e caraterísticas de perfil selecionadas dos Produtores de Algodão. *Guj. J. Ext. Edu.* **27**(1):67

Hingonekar, S.S. (2011). Perceção e desempenho das funções das FIGs que trabalham no âmbito do projeto "ATMA" nos distritos de Tapi e Valsad, no Sul de Gujarat. Tese de Mestrado (Agri.), NAU, Navsari.
https://dag.gujarat.gov.in/Portal/News/523_12_FINAL-EST-2016-Cut.pdf

Issa, F. O., Atala, T. K., Akpoko, J. G. e Sanni, S. A. (2016) Socio-economic Determinants of Adoption of Recommended Agrochemical Practices among Crop Farmers in Kaduna and Ondo States, Nigeria. *Jornal Asiático de Extensão Agrícola, Economia e Sociologia,* **10**(1), pp. 1-12.

Jani,S., Patel,**M.,R,** e Patel.**A.(2014).** Explorando sugestões dos agricultores assinantes de *JALJIVAN* para tornar a revista agrícola mais eficaz. *Guj. J. Ext. Edu.* **25**(1):74-77.

Kaur,K., Kaur,P. e Dhaliwal,R.K.(2015). Nível de conhecimento dos agricultores sobre as práticas agronómicas do arroz de sementeira direta no Punjab. *Jornal Internacional de Ciências Agrícolas* **5(1)** : 206-209.

Kumar, A. (2012) Constraints Analysis in Adoption of Vegetable Production Technologies for livelihood perspective of tribal farmers in North Sikkim Scientist (Horticulture), ICAR Res. Complex, Sikkim Centre, Tadong, Gangtok.

Kumar, A. (2012). Análise das limitações na adoção de tecnologias de produção de legumes para a perspetiva de subsistência dos agricultores tribais no Norte de Sikkim Cientista (Horticultura), ICAR Res. Complex, Sikkim Centre, Tadong, Gangtok.

Kumar, C. P., Naika, R., Madhu Prasad, V. L., Bhaskar, R. N.e Narayanaswamy, B. (2012). Conhecimento dos Sericultores sobre Práticas de Agricultura Biológica no Distrito de Chickballapur. *IOSR Journal of Agriculture and Veterinary Science.* **3**(1): 1-4.

Kumar, V., Prajapati, R. S. e Sharma, S. (2012). Comportamento de Comunicação dos Agricultores Beneficiários do NAIP III. *Gujarat Journal of Extension Education.* **23**: 1-3.

Lavison, R. K. (2013). Factores que influenciam a adoção de fertilizantes orgânicos na produção de vegetais em Acra. *Tese de Mestrado em Filosofia,* Universidade do Gana, Legon.

Loko, Y. L., Agre, P., Orobiyi, A., Innocent Dossou-Aminon, Roisin, Y., Tamo, M. e Dansi, A. (2016) Conhecimentos e percepções dos agricultores sobre as térmitas como pragas do inhame (Dioscorea spp.) no centro do Benim. *Revista Internacional de Gestão de Pragas,* **62**(1), pp. 75-84.

Lwin, M., Yabe, M. e Khai, H.V.,(2012). Perceção dos agricultores, conhecimento e práticas de uso de pesticidas: um estudo de caso da produção de tomate no lago Inlay, Mianmar. *J. Fac. Agr., Kyushu Univ.,* **57** (1), 327-331.

Maheriya, H. N., Patel, R.C. e J.B.Patel(2014). Constrangimentos enfrentados pelos agricultores na adoção da tecnologia recomendada de produção de arroz. *Guj. J. Ext. Edu.* **25**(1):93-95.

Makwan, A. R., Vaidhya, A. C. e Patel, D. D. (2014). Problemas enfrentados pelos produtores de arroz na adoção de tecnologia científica. *Guj. J. Ext. Edu.* **25**(1):96-97.

Mandlik, S. P. (2012) Conhecimento e adoção de tecnologia de gestão integrada de pragas no feijão bóer. *Tese de Mestrado (Agri).* Tese, VNMKV, Parbhani (M.S.)

Maraddi, G. N., Meti, S. K. e Tulasiram, J. (2014). Extensão da adoção de tecnologias melhoradas por agricultores de amendoim e análise de restrições. *Karnataka J. Agric. Sci.* **27**(2): (177-180).

Meena, S.L., Lakhera, J.P., Sharma, K.C. e S.K. Johri.(2012). Nível de conhecimento e padrão de adoção da tecnologia de produção de arroz entre os agricultores. *Raj. J. Extn. Edu.* **20** :133- 137.

Mistry, J. J., Vihol, K. J. e Patel, G. J. (2015) Knowledge and adoption of wheat production technology by the farmers of Sabarkantha district. *Guj. J. Ext. Edu.,* **26**(2), pp. 231-233.

Muttalageri,M.(2015). Constrangimentos na produção e comercialização de produtores de vegetais orgânicos no distrito de Belagavi de Karnataka. *Revista internacional de investigação atual.*7(12):24816-24819.

Naik, R. M., Girawale, V. B. e Chauhan, G.G.(2016). Determinantes no conhecimento sobre o pacote recomendado de práticas de culturas de raízes e tubérculos. *Guj. J. Ext. Edu.* **27**(1):96-97.

Pandya, C. D. (2010) A critical analysis of socio-economic status of organic farming followers of south Gujarat. Tese de doutoramento *(Agri)* não publicada, N.A.U., Navsari.

Pandya, S.P., Prajapati, M. R. e Thakar, K. P. (2014).Fator associado à adoção da tecnologia de cultivo da tamareira pelos agricultores. *Guj. J. Ext. Edu.* **25**(1):49-51.

Parvez Rajan; Dubey, M. K.; Singh, S. R. K. e M.A. Khan (2013). Fatores que afetam o conhecimento dos piscicultores em relação à tecnologia de produção de peixes. *Indian Res. J. Ext. Edu.,* **13**(2).

Patel ,M. R.(2011). Uma análise do impacto da modernização do campesinato na agricultura no âmbito do projeto de desenvolvimento tribal integrado do distrito de Vadodara. Tese de doutoramento *(Agri)*, Anand Agri.Univ.Gujarat (Índia).

Patel D. B.; Thakkar K. A. e Patel K. S. (2011) Perceção dos agricultores sobre o sistema de transferência de tecnologia no norte de Gujarat. *Guj. J. Exte. Edu.* **22** (6): 17-20.

Patel, A. G. and Vyas, H. U. (2015) Constraints faced by small scale horticultural nursery growers in south Gujarat. *Guj. J. Ext. Edu.,* **26**(2), pp. 135-137.

Patel, B. D. (2005). Um estudo sobre a adoção da tecnologia recomendada para o pimentão no distrito de Vadodara, no estado de Gujarat. Tese de Mestrado (Agri.) (não publicada) apresentada à A.A.U., Anand.

Patel, D. B., Thakar, K. A. And Patel, K. S. (2011) Perception of the farmers about transfer of technology system in north Gujarat. *Gujarat Journal of Extension Education,* **22**(6), pp. 17-20.

Patel, D. D., Joshi, P. J. e Patel P. P. (2012). Eficiência de gestão dos produtores de rosas para melhorar o cultivo de rosas. *Guj. J. of Ext. Edu.,* **23**: 139-140.

Patel, J. K.; Patel, V. T.; Prajapati, M. R. e Thakka, K. A. (2014). Consciência sobre a agricultura orgânica entre os agricultores do distrito de Sabarkantha e Banaskantha. *Guj. J. Extn. Edu.* **25**:152-154.

Patel, J. K.; Patel, V. T.; Prajapati, M. R. e Thakka, K. A. (2014). Consciência sobre a agricultura orgânica entre os agricultores do distrito de Sabarkantha e Banaskantha. *Guj. J. Extn. Edu.* **25**: 152-154.

Patel, K. P. and Patel, M. C. (2013) Knowledge of farmers regarding green manuring for sustainable agriculture. *Guj. J. Extn. Edu.,* **24,** 23-24.

Patel, K. P. e Patel, M. C. (2013). Conhecimento dos agricultores sobre adubação verde para agricultura sustentável. *Guj. J. Extn. Edu.* **24.** 23-24.

Patel, N. G. e Chauhan, N. M. (2015) Gestão de bacias hidrográficas por agricultores tribais do distrito de Navsari, no sul de Gujarat, através de tecnologias sem custos e de baixo custo. *Guj. J. Ext. Edu.,* **26**(2), pp. 234-240.

Patel, N.; Chaudhary, S. e Swarnakar, V. K. (2013). Estudo sobre a adoção de práticas de gestão ecológicas pelos produtores de vegetais no bloco de Indore do distrito de Indore (M.P.). *IOSR Journal of Agriculture and Veterinary Science.* Vol. **2**: 22-44.

Patel, P. C., Patel, J. B. e Panchasara, B. R. (2014). Necessidades de informação de *Bt.* Cotton Growers. *Guj. J. Ext. Edu.* **25** (1): 35-39.

Patel, P., Patel, M. M., Badodia, S. K., & Sharma, P. (2014).Comportamento empreendedor dos produtores de leite.*Indian Research Journal of Extension Education,* **14**(2): 46-49.

Patel, R. R., Thakkar, K. A., Bindage, A. B. e Patel, V. M. (2013) Constrangimentos dos produtores de produtos hortícolas no norte de Gujarat. *Guj. J. Ext. Edu.,* **24**, pp. 68-73.

Patidar, S. e Patidar, H. (2015) Um estudo da perceção dos agricultores em relação à agricultura biológica. *Revista Internacional de Aplicação ou Inovação em Engenharia e Gestão (IJAIEM),* **4**(3), pp. 269-277.

Prajapati, M. R., Patel, V. T. e Patel, J.K. (2012) Knowledge regarding general use of pesticides and training need of pesticide dealers. *Guj. J. of Ext. Edu.,* **23**, pp. 99-101.

Preeti, S., Chandrashekar, V., Sunitha, A. B. e Manjula, C. N. (2013) *International Journal of Engineering and Management Sciences,* **4**(3), pp. 357-360.

Rathod, P., Nikam, T. R., Sariput, L., Vajreshwari, S. e Amit, H. (2014) Participação das mulheres rurais na produção leiteira em Karnataka. *Indian Research Journal Extension Education,* **11**(2), pp. 31-36.

Robinson, W. P. (1976) The achievement motive, academic success and intelligence test score. *Bri. J. Clin. Psy,* **4**, pp. 98-103.

Saha, D., Akand, A. K. e Hai, A. (2010) Livestock farmers' knowledge about rearing practices in Ganderbal district of Jammu & Kashmir. *Indian Res. J. Ext. Edu.,* **10** (2), pp. 15-19.

Savitha, B. e Ratnakar, R. (2011). Profile characteristics of the organic farmers of Andhra Pradesh (Caraterísticas do perfil dos agricultores biológicos de Andhra Pradesh). *Mysore J. Agric. Sci.,* **45** (1): 173-176.

Shinde, S. S. (2013). Atitude em relação à parceria público-privada dos produtores de quiabo do distrito de Tapi, no sul de Gujarat. M.Sc. (Agri.). Tese (não publicada), Universidade Agrícola de Navsari, Navsari.

Silvakumar, B. (1988). Utilização do suporte de informação para sensibilização, convicção e adoção de medidas de controlo da mosca branca do algodão por agricultores com e sem contacto. Tese de mestrado (agro), TNAU, Coimbatore.

Suman, R. S. (2012). Conhecimento tecnológico dos agricultores sobre o uso de biofertilizantes em Kullu, Himachal Pradesh. *Indian Res.J.Ext.Edu.* **12**(2).

Suman, R.S.(2012). Conhecimento tecnológico dos agricultores sobre o uso de biofertilizantes em Kullu, Himachal Pradesh. *Indian Res.J.Ext.Edu.12(2~).*

Supe, S. V. (1969) Factors related to different degree of rationality in decision making among farmers, *tese de doutoramento* apresentada ao IARI, Nova Deli.

Tamboli, I. M. (2012) Conhecimento e adoção de práticas de conservação do solo e da água pelos agricultores na área do projeto de desenvolvimento da bacia hidrográfica. Tese de Mestrado *(Agri.)* (Unpub.), VNMKV, Parbhani (M.S.)

Thorat, S.A. (2013) Conhecimento e adoção de um pacote de práticas melhoradas por parte dos produtores de girassol. *M. Sc. (Agri).* Tese (Unpub.), VNMKV, Parbhani (M.S.)

PROGRAMA DE ENTREVISTAS

N.º do inquirido: ;   **Data da entrevista: / /**

I.   Informações gerais

1.   Nome: ____

2.   Aldeia:3. Taluka:4. Distrito:

II.   Caraterísticas pessoais e socioeconómicas

1.   Idade: ....(Ano   incompleto   )

2 Nível de educação............................

3.   Quantos anos de experiência agrícola tem? ....anos

4.   Dimensão da exploração agrícola (ha):

5.   Rendimento anual: Rs/-

6.   Exploração de terrenos

Sr. No.	Particulars	Area (ha)
1.	Irrigated	
2.	Dry land	
3.	Others	
Total		

7. Participação social: Por favor, indique quais dos seguintes locais participou e em que medida?

Sr. No.	Organization	Type of participation		
		Office bearer	Member	No participation
1.	Co-operative Society			
2.	Gram panchayat			
3.	Taluka Panchayat			
4.	Zilla parishad			
5.	Dairy Society			
6.	Self Help Group			
7.	Shetkari Vigyan Mandal			
8.	Others(Bhajani mandal, Mahila mandal etc)			

8. Contacto de extensão: Por favor, diga quais das seguintes pessoas / locais visitou e com que frequência?

Sr. No	Extension Workers	Frequency Of contact		
		Always	Sometimes	Never
1	Agriculture Assistant			
2	Assistant Agriculture Office			
3	Assistant Horticulture Officer			
4	Agril. University Scientists			
5	Krishi vigyan Kendra (SMS)			
6	Input Dealers			
7	Extension Personnel of Private Companies			
8	Others (if any), specify			

9. Orientação científica: Por favor, diga se concorda ou não com a seguinte afirmação

Sr. No	Statements	SA	A	UD	DA	SDA
1	New methods of farming give better results to a farmer than the old methods					
2	For getting information about improved technologies farmers should visit agril. Universities.					
3	Even a farmer with lot of experience should use new methods of farming					
4	A good farmer experiments with new ideas in farming					
5	Traditional Method of Farming have to be changed in order to raise the level of living					
6	For enhancing living standard farmers should give up traditional methods of farming					

10. Utilização dos meios de comunicação social: Indique o grau de utilização dos meios de comunicação social.

Items	Extent of Utilization		
	Regularly	Occasionally	Never
A)Print Media			
1.News papers			
2.Magazines			
3.University publication			
B)Electronic Media			
1.Radio			
2.T.V.			
3.Mobile			
4.Internet			

(PARTE-B)
Pergunta do teste de conhecimentos

1. Quais são os híbridos de algodão Bt. mais adequados para a sua zona?

2. Qual é o híbrido de alto rendimento do algodão Bt?
3. Qual é o tipo de solo adequado para o algodão Bt? ______________________________
4. Qual é a duração do algodão Bt? ______________________________
5. Qual é a época correta para a sementeira do algodão Bt?
6. Qual é o método mais adequado para semear as sementes de algodão Bt?

7. Indicar a taxa de sementes de algodão Bt por ha (kg)?
8. Qual é o espaçamento entre linhas (em cm)?

9. Qual é o espaçamento entre plantas (em cm)?

10. Quantidade de FYM necessária por ha (em toneladas)?
11. A altura adequada para a aplicação de FYM é? :
12. Quantidade de NPK necessária por ha ? ______________________________
13. Qual é o produto químico que pode ser utilizado para controlar a queda das flores?

14.   O avermelhamento das folhas pode ser controlado por ?

15.   Quantas operações de intercultivo são necessárias no algodão Bt?

16.   Qual é o nome do herbicida recomendado para o controlo de infestantes no algodão Bt?

17. Indicar as pragas importantes, os sintomas e as medidas de controlo.

SI. No.	Name of the pest	Nature of Damage	Control measures
1.			
2.			
3.			
4.			

18) Qual é o número de pulverizações de inseticida a aplicar no algodão Bt?

19. nomear as doenças importantes, os sintomas e as suas medidas de controlo.

SI. No.	Name of the disease	Symptoms	Control measures
1.			
2.			
3.			
4.			

20. Conhece a armadilha de feromonas? Sim /Não

Em caso afirmativo, quantas armadilhas de feromonas são necessárias por hectare?

21. Qual é a cultura armadilha adequada para o algodão Bt?

22. Quais são as culturas que podem ser utilizadas como culturas intercalares?

23. Quantas colheitas podem ser efectuadas no algodão Bt?

24. Que quantidade de rendimento pode ser obtida no algodão Bt por acre?

25. Quantas regas são necessárias para a cultura do algodão Bt

26. Qual é a frequência de irrigação a manter?

Pergunta sobre o nível de adoção

1.   Há quantos anos estão a cultivar algodão Bt:

2.   Quando é que fez a sementeira?

3.   qual o método de sementeira utilizado?

4.   Que híbrido foi semeado?

5.   Qual foi a taxa de sementes / ha utilizada?

6.   Qual foi o espaçamento dado?

    a)   . Entre linha e linha (cm)

    b)   . Entre planta e planta (cm)

7.   Quantidade de adubo aplicado (ton/ha)

8.   Quantidade de NPK aplicada (kg/ha)

	Tipo de	fertilizante	quantidade
N:	_____________	_______________	
P	_______________	:	_______________
K:	_____________	_______________	

9. Seguiu a prática da cultura intercalar? Sim/Não

Em caso afirmativo. Qual é a cultura? _______________________

10. Qual o método adotado para o controlo das ervas daninhas: <u>Capina</u> manual/Método <u>químico</u>,
Se o método for químico. Indicar o herbicida:

11. Quais são as medidas de controlo das doenças adoptadas?

	Doença	Medida de controlo	(incluindo o número de vezes)
a)	_______________ -	_______________________________	
b)	. _______________	_______________________________	
c)	. _______________	_______________________________	

12. Quais são as medidas tomadas para controlar as pragas?

	Medida de controlo de pragas	(incluindo o número de vezes)
a)	_______________ -	_______________________________
b)	. _______________	_______________________________
c)	. _______________	_______________________________

13. Número de colheitas efectuadas?

14. Qual foi o rendimento obtido por hectare?

15. Qual é a despesa efectiva por hectare   incorrida?

16. Qual é o lucro líquido obtido por ha?

17. Qual é o rendimento aproximado de pés de algodão por hectare?

18. Número de irrigações efectuadas :

19. Frequência de irrigação   :

20. Como é que se utilizam os caules do algodão Bt?

   a) Para lenha

   b) Para alimentar o gado em caso de seca e de escassez aguda de forragens para o gado

   c) Para compostagem

   d) Para todos os itens acima

21. Existe alguma diferença no rendimento dos caules do algodão Bt em relação ao algodão não Bt? Sim/Não Em caso afirmativo, qual a percentagem/proporção da diferença observada?

22. Qual é a diferença na qualidade dos caules do algodão Bt e do algodão não Bt? Queira referir.

(Parte C)____________

<u>Constrangimentos enfrentados pelos agricultores na adoção de práticas de cultivo do algodão Bt</u>

	Particulars	Problems Yes/No	If problem give reason
1.	Input		
	a). Seed		
	b). Manures		
	c). Chemical fertilizers		
	d). Irrigation		
	e). Chemicals		
	f). Credit		
	g). Electricity (for irrigation)		
2.	Technical		
	a). Lack of knowledge		
	b). Pest management		
	c). Disease management		
	d). High initial cost		
3.	Labour		
	a) High wages of labourers		
	b) Non availability of labourers		
	Marketing		
4.	a). Transportation		
	b). Storage		
	c). Low price		
	d). Exploitation by middlemen		
	e). Delayed cash payment		
5.	Mention Others if any		

72

yes

I want morebooks!

Buy your books fast and straightforward online - at one of world's fastest growing online book stores! Environmentally sound due to Print-on-Demand technologies.

Buy your books online at
www.morebooks.shop

Compre os seus livros mais rápido e diretamente na internet, em uma das livrarias on-line com o maior crescimento no mundo! Produção que protege o meio ambiente através das tecnologias de impressão sob demanda.

Compre os seus livros on-line em
www.morebooks.shop